第二版

# 西门子S7-200 PLC编程从入门到精通

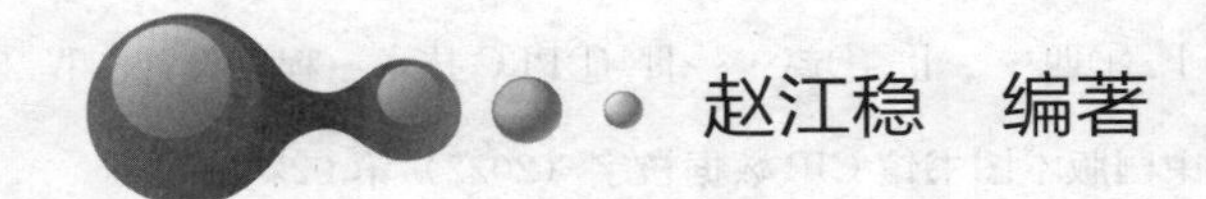

## 内 容 简 介

本书共8章，介绍了PLC基础、S7-200 PLC的硬件组成及选用基础、STEP7-Micro/WIN编程软件、S7-200 PLC的指令系统、S7-200 PLC系统设计、S7-200 PLC应用设计、S7-200 PLC的通信及网络和S7-200 PLC与人机界面及附录等。本书包含了大量的应用实例，以提高读者对于西门子S7-200 PLC的理解和应用能力。

本书可作为高职高专院校电气自动化、机电一体化技术等专业的教材，也可供从事PLC应用系统设计、调试和维护的工程技术人员自学，还可以作为培训教材使用。

**图书在版编目（CIP）数据**

西门子S7-200 PLC编程从入门到精通/赵江稳编著．—2版．—北京：中国电力出版社，2022.4

ISBN 978-7-5198-6509-2

Ⅰ.①西… Ⅱ.①赵… Ⅲ.①PLC技术—程序设计 Ⅳ.①TM571.61

中国版本图书馆CIP数据核字（2022）第022429号

出版发行：中国电力出版社

地　　址：北京市东城区北京站西街19号（邮政编码100005）

网　　址：http：//www.cepp.sgcc.com.cn

责任编辑：刘　炽（liuchi1030@163.com）

责任校对：王小鹏

装帧设计：郝晓燕

责任印制：杨晓东

印　　刷：北京雁林吉兆印刷有限公司

版　　次：2013年8月第一版　2022年4月第二版

印　　次：2022年4月北京第四次印刷

开　　本：787毫米×1092毫米　16开本

印　　张：10.5

字　　数：212千字

定　　价：58.00元

# 前　言

本书第一版于2013年出版后，随着工程领域大量使用案例的扩充，S7-200的应用有了进一步拓展。在此基础上作者进行了改版。

本书共8章，介绍了PLC基础、S7-200 PLC的硬件组成及选用基础、STEP7-Micro/WIN编程软件、S7-200 PLC的指令系统、S7-200 PLC系统设计、S7-200 PLC应用设计、S7-200 PLC的通信及网络和S7-200 PLC与人机界面及附录等。中间穿插了大量的应用实例，以便提高读者对于西门子S7-200 PLC的理解和应用。

本书以熟练掌握PLC基本控制系统的电路设计方法、控制程序设计方法和系统分析调试方法为目的，可作为高职高专院校电气自动化、机电一体化技术等专业的教材，也可供从事PLC应用系统设计、调试和维护的工程技术人员自学，还可以作为培训教材使用。

在本书编写过程中，作者参阅和引用了西门子公司的最新技术资料和部分相关院校、企业、科研院所的教材、文献和资料。其中正式出版的文献已在本书的参考文献中列出，但难免遗漏，对未能列出的文献和资料，编著者在此向其作者表示诚挚的感谢。

限于作者的理论水平和实际开发经验，书中的缺点和不足在所难免，恳请广大读者和相关专家批评指正。

编著者

请扫码下载
本书数字资源

# 目　录

# 第1章 PLC 基础

## 1.1 PLC 概述

可编程序控制器（Programmable Controller，简写为 PC），又称为可编程序逻辑控制器（Programmable Logic Controller，简写为 PLC）或者可编程控制器。本书在不引起误解的情况下简写为 PLC。PLC 是以微处理器为核心、融合大规模集成电路技术、自动控制技术、计算机技术、通信技术为一体的新型工业自动化电子系统装置。近些年来，PLC 在国内得到迅速推广、普及，已经被广泛应用于生产机械和生产过程的自动控制领域，已经并且正在继续改变着工厂自动控制的面貌，对传统的技术改造、发展新型工业具有重大意义。

由于可编程序控制器一直在发展，因此人们对于它的认识也在不断发展。国际电工委员会（IEC）曾先后于 1982 年 11 月、1985 年 1 月和 1987 年 2 月发布了可编程序控制器标准草案的第一、二稿和第三稿。在第三稿中，对 PLC 定义如下：“可编程序控制器是一种数字运算操作电子系统，专为在工业环境下应用而设计。它采用了可编程序的存储器，用来在其内部存储执行逻辑运算、顺序控制、定时、计数和算术运算等操作的指令，并通过数字式和模拟式的输入和输出，控制各种类型的机械或生产过程。可编程序控制器及其有关的外围设备都应按易于与工业控制系统形成一个整体、易于扩充其功能的原则来设计”。

### 1.1.1 PLC 的产生和发展

20 世纪 60 年代计算机技术已开始应用于工业控制了。但由于当时计算机技术本身的复杂性、编程难度高、难以适应恶劣的工业环境以及价格昂贵等原因，未能在工业控制中得到广泛应用。因此当时的工业控制主要还是以继电-接触器为主。在制造业和生产过程等环节中，除了以模拟量为被控对象的系统外，还存在着大量以开关量为主的逻辑顺序控制，这一点在以改变几何形状和机械特性为特征的制造加工业尤为明显。这种控制系统要求按照逻辑条件和一定的顺序、时序产生控制动作，并能够对来自现场的大量的开关量、脉冲量、计时、计数以及模拟量的越限报警等数字信号进行监控。因此，早期的工业中仍然大量使用这种控制电路体积大、功耗大、升级改造成本高、可靠性低、不易维护的继电器电路。

1968 年，美国最大的汽车制造商——通用汽车制造公司（GM），为适应汽车型号的不断翻新，试图寻找一种新型的工业控制器，以尽可能减少重新设计和更换继电器控制系统的硬件及接线，减少时间，降低成本。因而设想把计算机的功能完备、灵活及通用等优点和继电器控制系统的简单易懂、操作方便、价格便宜等优点结合起来，制成一种适用于工业环境的通用控制装置，并把计算机的编程方法和程序输入方式加以简化，用“面向控制过程，面向对象”的“自然语言”进行编程，使不熟悉计算机的人也能方便地使用。即硬件要减少并且尽可能少地调整，软件要灵活、简单。针对上述设想，通用汽车公司提出了这种新型控制器所必须具备的十项条件，即“GM10 条”，并以此公开在社会上招标。

（1）编程简单，可在现场修改程序。

（2）维护方便，最好是插件式。

（3）可靠性高于继电器控制柜。

（4）体积小于继电器控制柜。

（5）可将数据直接送入管理计算机。

（6）在成本上可与继电器控制柜竞争。

（7）输入可以是交流 115V。

（8）输出可以是交流 115V，2A 以上，可直接驱动电磁阀、接触器等。

（9）在扩展时，原有系统只需要很小的变更。

（10）用户程序存储器容量至少能扩展到 4KB。

1969 年，美国数字设备公司（DEC）根据这十项条件研制成功世界上第一台可编程序控制器 PDP-14，并在通用汽车公司的自动装配线上试用成功，从而开创了工业控制的新局面。它的开创性意义在于引入了程序控制功能，为计算机技术在工业控制领域的应用开辟了新的空间。

此时的 PLC 目的主要还是用来取代继电器控制线路，以存储程序指令、完成顺序控制（执行逻辑判断、计时、计数等）等功能而设计的。其基本设计思想是把计算机功能完善、灵活、通用等优点和继电器控制系统的简单易懂、操作方便、价格便宜等优点结合起来，控制器的硬件是标准的、通用的。根据实际应用对象，将控制内容写入控制器的用户程序内，控制器和被控对象连接也很方便。

接着，美国莫迪康（MODICON）公司也开发出可编程序控制器 084。

1971 年，日本从美国引进了这项新技术，很快研制出了日本第一台可编程序控制器 DSC-8。1973 年，西欧国家也研制出了欧洲的第一台可编程序控制器。我国从 1974 年开始研制，1977 年开始投入工业应用。

PLC 自问世以来，经过 40 多年的发展，已成为美、德、日等工业发达国家重要的产业之一。世界总销售额不断上升、生产厂家不断涌现、品种不断翻新。产量产值大幅度上升而价格则不断下降。目前，世界上有 200 多个 PLC 生产厂家，美国是 PLC 生产大国，著名的有罗克韦尔自动化（AB）、通用电气（GE）、莫迪康（MODICON）、德州仪器（TI）、西屋等。其中 AB 公司是美国最大的 PLC 制造商，其产品约占美国 PLC 市场的一半。德国西门子（SIEMENS）、AEG 公司、法国的 TE、施耐德是欧洲著名的 PLC 制造商。日本有三菱（Mitsubish）、欧姆龙、松下电工、富士电机、日立、东芝等。韩国有三星、LG 等。

我国的 PLC 产品的研制和生产经历了三个阶段：

1973～1979 年：顺序控制器。

1979～1985 年：一位处理器为主的工业控制器。

1985 年以后：八位微处理器为主的可编程序控制器。

现在的 PLC 生产和相关应用都已经发展得如火如荼。首先，大规模和超大规模集成电路的飞速发展、微处理器性能和其他相关技术的不断提高为 PLC 的发展奠定了良好的基础。进入 20 世纪 70 年代，随着微电子技术的发展，PLC 采用了通用微处理器，这种控制器就不再局限于当初的逻辑运算了，还同时具有了数据处理、调节和数据通信功能。至 20 世纪 80 年代，随大规模和超大规模集成电路等微电子技术的发展，以 16 位和 32 位微处理器构成的 PLC 得到了惊人的发展。微处理器执行速度达到微秒级，从而极大提高了 PLC 的数据处理能力，高档的 PLC 可以进行复杂的浮点数运算，并增加了许多特殊功能，例如，高速计数、脉宽调制、位置控制、闭环控制等，PLC 的程序存储容量大大扩充，多以 MB 为单位。使 PLC 在概念、设计、性能、价格以及应用等方面都有了新的突破。不仅控制功能增强，功耗和体积减小，成本下降，可靠性提高，编程和故障检测更为灵活方便。从而在以模拟量为主的过程控制领域也占有了一席之地，随着远程 I/O 和通信网络、数据处理以及图像显示的发展，PLC 向用于连续生产过程控制的方向发展，在一定程度上具备了组建集散控制系统（Distributed Control Systems，简写为 DCS）、现场总线控制系统（Fieldbus Control System，简写为 FCS）的能力。成为实现工业生产自动化的一大支柱。其次，企业要提高生产效率、提高生产水平、节约成本，对于高性能、高可靠性的控制器便有了更高的需求。第三个原因是 PLC 生产厂家的竞争等。因此各方面共同作用导致了 PLC 技术得到了突飞猛进的发展。

在组成结构上，PLC 有一体化和模块化结构两种模式。一体化结构的 PLC 追求功能的完善、性能的提高。模块化结构的 PLC 则利用单一功能的各种模块组织成一台完整的 PLC，用户在设计 PLC 系统时具有极大的灵活性，同时有利于系统的维护、升级改造，使系统的扩展功能大大增强。

在控制规模上，PLC 朝着小型化和大型化两个方向发展。小型 PLC 由整体结构向小型模块化结构发展，使配置更加灵活，体积减小、成本下降、功能齐全、性能提高。小型化的主要目标是为了替换目前还在使用的小规模继电器系统以及需要采用逻辑控制的小型应用。它的特点是安装方便、可靠性高、开发和改造周期短。为了市场需要已开发了各种简易、经济的超小型微型 PLC，最小配置的 I/O 点数为 8～16 点，以适应单机及小型自动控制的需要。

大型 PLC 是基于满足大规模、高性能控制系统的要求而设计的。在规模上可带的 I/O 点数达到数千乃至上万点。高性能主要体现在以下两点：

（1）网络化。现代企业面临着网络化日新月异的发展，PLC 技术的生产控制功能和网络技术的应用可以融合在一起。

（2）发展智能模块。每个模块都以微处理器为核心，完成专一功能，大量节省了主 CPU 的时间和资源。对于提高用户程序的扫描速度和完成特殊控制要求非常有利。例如，通信模块、高速计数模块、过程控制模块、伺服控制模块等。

### 1.1.2 PLC 的特点

PLC 是基于工业控制的需要而产生的，因此具有面向工业控制领域的鲜明特点。

（1）可靠性高，抗干扰能力强。各 PLC 的生产厂商采取了多种措施，使 PLC 除了本身具有较强的自诊断能力、能及时给出出错信息、停止运行等待修复外，还使 PLC 具有了很强的抗干扰能力。

PLC 采用了大规模集成电路（Large-scale Integration，简写为 LSI）芯片，组成 LSI 的电子组件和半导体电路都是由半导体电路组成。以这些电路充当的“软继电器”等电子开关都是无触点的，最大限度地取代传统继电器电路中的硬件线路，大量减少机械触点和连线的数量。为了保证 PLC 能在恶劣的工业环境下可靠地工作，所以在其设计和制造过程中采取了一系列硬件和软件方面的抗干扰措施。如果出现了偶发性故障，只要不引起系统部件的损坏，一旦环境条件恢复正常，系统也随之恢复正常。但对 PLC 而言，受外界影响后，内部存储的信息可能被破坏。如果能使 PC 在恶劣环境中不受影响或能把影响的后果限制在最小范围，使 PLC 在恶劣条件消失后自动恢复正常，这样就能提高平均无故障运行时间（又称平均故障间隔时间，Mean Time Between Failures，简写为 MT-BF）。如果能在 PLC 上增加一些诊断措施和适当的保护手段，在永久性故障出现时，能很快查出故障发生点，并将故障限制在局部，就能降低 PLC 的平均故障修复时间（Mean Time To Repair，简写为 MTTR）。

在硬件方面，首先对元器件进行了严格的筛选，其次对电源变压器、中央处理器（CPU）、编程器等主要部件采用导电、导磁良好的材料进行屏蔽，以防外界干扰。再者对供电系统及输入线路采用多种形式的滤波，如 LC 或 $\pi$ 型滤波网络，以消除或抑制高频干扰，也削弱了各种模块之间的相互影响。此外对微处理器这个核心部件所需的 +5V 电源，采用多级滤波，并用集成电压调整器进行调整，以适应交流电网的波动和过电压、欠电压的影响。同时在微处理器与I/O电路之间，采用光电隔离措施，有效地隔离I/O接口与CPU之间电的联系，减少故障和误动作；各I/O口之间也彼此隔离。最后采用故障情况下短时修复技术的模块式结构。一旦查出某一模块出现故障，能迅速更换，使系统恢复正常工作，同时也有助于加快查找故障原因。

软件方面有极强的自检及保护功能。软件定期地检测外界环境，如掉电、欠电压、锂电池电压过低及强干扰信号等。以便及时进行处理。当偶发性故障条件出现时，不破坏PLC内部的信息，一旦故障条件消失，就可恢复正常，继续原来的程序工作。所以，PLC在检测到故障条件时，立即把现状态存入存储器，软件配合对存储器进行封闭，禁止对存储器的任何操作，以防存储信息被冲掉。如果程序每循环执行时间超过了看门狗（WatchDog Timer，简称为WDT）规定的时间，预示了程序进入死循环，立即报警。运行中一旦程序有错，立即报警，并停止执行。停电后，利用后备电池供电，有关状态及信息就不会丢失。

PLC的出厂试验项目中，有一项就是抗干扰试验。它要求能承受幅值为1000V、上升时间1nS、脉冲宽度为1μS的干扰脉冲。一般平均故障间隔时间可达几十万到上千万小时；整机的平均故障间隔时间可高达3～5万h甚至更长。

(2) 通用性强，使用方便。PLC以及各种硬件装置可以组成能满足不同要求的控制系统，用户不必再自己设计和制作硬件装置。硬件确定以后，在生产工艺流程改变或生产设备更新时，不必大幅改变PLC的硬件设备，只需改变程序或者对外围电路局部调整就可以满足要求。因此，PLC除应用于单机控制外，在工厂自动化中也被大量采用。另外PLC产品已经标准化、系列化和模块化，针对不同的控制要求、不同的控制信号，都有相应的I/O接口模块与工业现场器件和设备直接连接。

(3) 功能完善，适应面广。现代PLC不仅有逻辑运算、计时、计数、顺序控制等功能，还具有数字和模拟量的输入输出、功率驱动、通信、人机对话、自检、记录显示等功能。既可控制一台生产机械、一条生产线，又可控制一个生产过程。

(4) 编程简单，容易掌握。目前，大多数PLC仍采用继电控制形式的“梯形图编程方式”。既继承了传统控制线路的清晰直观，又考虑到大多数工厂企业电气技术人员的读图习惯及编程水平，所以非常易于接受和掌握。梯形图语言的编程元件的符号和表达方式与继电器控制电路原理图相当接近。通过阅读PLC的用户手册或短期培训，电气技术人员很快就能学会用梯形图编制控制程序。同时，还提供了功能图、语句表等编程语言和梯形图的转换工具。用户在购到所需PLC后，只需按说明书的提示，做少量的接线和简易的用户程序的编制工作，就可灵活方便地将PLC应用于生产实践。

PLC在执行梯形图程序时，用解释程序将它翻译成汇编语言然后执行（PC内部增加了解释程序）。与直接执行汇编语言编写的用户程序相比，执行梯形图程序的时间要长一些，但对于大多数机电控制设备来说是微不足道的，完全可以满足控制要求。

（5）减少了控制系统的设计及施工的工作量。由于 PLC 采用了软件来取代继电器控制系统中大量的中间继电器、时间继电器、计数器等器件，控制柜的设计安装接线工作量大为减少。同时，PLC 的用户程序可以在实验室模拟调试，更减少了现场的调试工作量。并且，由于 PLC 的低故障率及很强的监视功能、模块化等等，其维修也极为方便。

（6）体积小、重量轻、功耗低、维护方便。PLC 是将微电子技术应用于工业设备的产品，其结构紧凑，坚固，体积小，重量轻，功耗低。如 S7-200 CPU221 型 PLC 的外形尺寸仅为 90mm×80mm×62mm，易于装入设备内部，是实现机电一体化的理想控制设备。对于复杂的控制系统，采用 PLC 后，一般可将开关柜的体积缩小为原来的 1/10～1/2。

### 1.1.3 PLC 的性能指标和分类

PLC 产品种类繁多，其规格和性能也各不相同，一般选取常用的主要性能指标进行介绍。对于 PLC 的分类，通常根据结构形式的不同、功能的差异和 I/O 点数的多少进行分类。

**1. 主要性能指标**

PLC 的性能指标较多，不同厂家产品的技术性能各不相同。通常可以用以下几种性能指标进行描述。

（1）存储容量。PLC 的存储器包括程序存储器、用户程序存储器和数据存储器三部分。其中可供用户使用的是后面两个存储器，合称为用户存储器。通常用 K 字（KW）、K 字节（KB）或 K 位（Kb）来表示（1K＝1024）。也有的 PLC 直接用所能存放的程序量表示。在一些文献中称 PLC 中存放程序的地址单位为“步”，一“步”占用一个地址单元，一个地址单元一般占用两个字节（Byte，计量存储容量和传输容量的一种计量单位，一个字节等于 8 位二进制数）。如存储容量为 1000 步的 PLC，其存储容量为 2KB。一条基本指令一般为一步。功能复杂的指令，特别是功能指令，往往有若干步。

（2）扫描速度。扫描速度是指 PLC 执行用户程序的速度，是衡量 PLC 性能的重要指标。一般以扫描 1K 字用户程序所需的时间来衡量扫描速度，通常以 ms/K 字为单位。有的文献中以执行 1000 条基本指令所需的时间来衡量。单位为 ms/千步，目前 PLC 采用的 CPU 的主频考虑，扫描速度比较慢的为 2.2ms/K 逻辑运算程序，60ms/K 数字运算程序；较快的为 1ms/K 逻辑运算程序，10ms/K 数字运算程序；更快的能达到 0.75ms/K 逻辑运算程序。也有以执行一步指令时间计的，如μs/步。一般逻辑指令与运算指令的平均执行时间有较大的差别，因而大多场合扫描速度往往需要标明是执行哪类程序。PLC 用户手册一般给出执行各条指令所用的时间，可以通过比较各种 PLC 执行相同的操作所用的时间来衡量扫描速度的快慢。

（3）输入/输出点数（I/O点数）。输入输出点数是PLC组成控制系统时所能接入的输入输出信号的最大数量，表示PLC组成系统时可能的最大规模。需要注意的是在总的点数中往往是输入点数大于输出点数，且二者不能相互替代。

（4）指令的功能与数量。指令功能的强弱、数量的多少也是衡量PLC性能的重要指标。衡量指令能强弱可看两个方面：一是指令条数多少，二是指令中有多少综合性指令。一条综合性指令一般就能完成一项专门操作。例如查表、排序及PID功能等，相当于一个子程序。编程指令的功能越强、数量越多，PLC的处理能力和控制能力也越强，用户编程也越简单和方便，越容易完成复杂的控制任务。

（5）内部元件的种类与数量。在编制PLC程序时，需要用到大量的内部元件、寄存器来存放变量、中间结果、保持数据、定时计数、模块设置和各种标志位等信息。这些元件的种类与数量越多，表示PLC的存储和处理各种信息的能力越强。

（6）编程语言。不同厂家的PLC编程语言不同，相互不兼容。一台机器能同时使用的编程方法更多，则容易为更多的人使用。目前常见的编程语言有梯形图（LAD）、布尔助记符（STL）、功能模块图（SFC），除此之外还有菜单图、语言描述等编程语言。IEC曾于1994年5月公布了PLC标准（IEC 1131），其中第三部分（IEC 1131-3）是PLC的编程语言标准。目前越来越多的PLC生产厂家提供符合IEC 1131-3标准的产品。

（7）特殊功能单元。特殊功能单元种类的多少与功能的强弱是衡量PLC产品的一个重要指标。近年来各PLC厂商非常重视特殊功能单元的开发，特殊功能单元种类日益增多，如位置控制模块、通信模块等。其功能也越来越强，使PLC的控制功能日益扩大。

（8）可扩展能力。PLC的可扩展能力包括I/O点数的扩展、存储容量的扩展、联网功能的扩展、各种功能模块的扩展等。在选择PLC时，经常需要考虑PLC的可扩展能力。

另外，可编程序控制器的可靠性、易操作性及经济性等到性能指标也是用户在选用PLC时需要注意的指标。

**2. PLC的分类**

可编程控制器类型很多，可从不同的角度进行分类。

（1）按照控制规模分类。控制规模主要指控制开关量的入、出点数及控制模拟量的模入、模出，或两者兼而有之（闭路系统）的路数。但主要以开关量计。模拟量的路数可折算成开关量的点，一路大致相当于8～16点。PLC大致可分为微型机、小型机、中型机、大型机及超大型机。

微型机控制点仅几十点，典型的是西门子的Logo，仅10点。

小型机控制点一般在256点以下，功能以开关量控制为主，单CPU、8位或16位处理器用户程序存储容量在4K字以下。如美国通用电气（GE)GE-I型，德国西门子公司的S7-200，美国德州仪器公司的TI100。

中型机控制点数在 256～2048 点之间，双 CPU，用户存储器容量 2～8K 字。如德国西门子公司的 S7-300、SU-5、SU-6，GE 公司的 GE-Ⅲ。

大型机的控制点数一般大于 2048 点，多 CPU，16 位、32 位处理器，用户存储器容量 8～16K 字。如西门子公司的 S7-400，GE 公司的 GE-Ⅳ。

超大型机：控制点数可达万点，以至于几万点。如美国 GE 公司的 90-70 机，其点数可达 24 000 点，另外还可有 8000 路的模拟量。再如美国莫迪康公司的 PC-E984-785 机，其开关量具总数为 32k(32 768)，模拟量有 2048 路。西门子的 SS-115U-CPU945，其开关量总点数可达 8k，另外还可有 512 路模拟量，等等。

在实际应用中，一般 PLC 的控制规模和其功能的强弱是相互关联的，即 PLC 的功能越强，其可配置的 I/O 点数越多。

（2）按结构划分类。PLC 可分为整体式及模块式两大类。整体式 PLC 把电源、CPU、内存、I/O 系统都集成在一个小箱体内。具有结构紧凑、体积小、价格低廉的特点。微型机、小型机多为整体式的。整体式 PLC 由基本单元和扩展单元组成。基本单元和扩展单元之间一般用扁平电缆连接。整体式 PLC 一般还配备特殊功能单元，如模拟量单元、位置控制单元等，使其功能得以扩展。

模块式的 PLC 是按功能分成若干模块，如 CPU 模块、输入模块、输出模块、电源模块等。各个模块功能独立、外形尺寸统一，可以根据需要灵活配置所需的模块。其最大的特点就是配置灵活、装配方便，便于扩展、维修。中、大型以上 PLC 一般使用这种结构。

### 1.1.4 PLC 的应用

目前，PLC 在国内外已广泛应用于冶金钢铁、采矿、水泥、石油、化工、电力、机械制造、汽车、装卸、数控机床、机械制造、交通运输、造纸、轻工纺织、环保等各行各业。其应用范围大致可归纳为以下几种：

（1）开关量的逻辑控制。这是 PLC 最基本、最广泛的应用领域。它取代传统的继电器控制系统，实现逻辑控制、顺序控制，如机床电气控制、电动机控制、电梯控制等。开关量的逻辑控制可用于单机控制，也可用于多机群控，还可用于自动生产线的控制等。

（2）运动控制。PLC 可用于直线运动或圆周运动的控制。早期直接用开关量 I/O 模块连接位置传感器和执行机械，现在一般使用专用的运动模块。目前，制造商已提供了拖动步进电机或伺服电机的单轴或多轴位置控制模块。即把描述目标位置的数据送给模块，模块移动一轴或多轴到目标位置。有的情况需要考虑速度和加速度的控制，如电梯的控制。当每个轴运动时，位置控制模块保持适当的速度和加速度，确保运动平滑。运动的程序可用 PLC 的语言完成，通过编程器输入。

（3）模拟量过程控制。PLC 通过模拟量的 I/O 模块实现模拟量与数字量的 A/D、D/

A转换，可实现对温度、压力、流量等连续变化的模拟量的PID控制。如果使用专用的PID模块，还可以实现对模拟量的闭环过程控制。

（4）现场数据采集与处理。目前PLC都具有数学运算（包括矩阵运算、函数运算、逻辑运算），数据传递、排序和查表、位操作等功能，因此由PLC组成的监控系统可以方便地对生产现场的数据进行采集、分析和加工。数据处理通常应用于柔性制造系统、机器人和机械手等大、中型控制系统的控制中，具有CNC（Computer numerical control，数控机床）功能：把支持顺序控制的PLC与数字控制设备紧密结合。

（5）通信联网、多级控制。PLC的通信包括PLC与PLC之间、PLC与上位计算机之间和它的智能设备之间的通信。PLC和计算机之间具有RS-232接口，用双绞线、同轴电缆或光缆将它们连成网络，以实现信息的交换。还可以构成“集中管理，分散控制”的分布控制系统。I/O模块按功能各自放置在生产现场分散控制，然后利用网络联结构成集中管理信息的分布式网络系统。

当然并不是所有的PLC都具有上述的全部功能，有的小型PLC只具备部分上述功能。

## 1.2 PLC的组成

### 1.2.1 PLC的结构及各部分的作用

PLC的类型繁多，功能和指令也不尽相同，但都是一种以微处理器为核心的用于控制的特殊计算机，因此其结构与工作原理与一般的计算机系统相似，通常都由中央处理单元（CPU）、存储器、输入/输出接口、电源、通信接口、编程器扩展器接口和外部设备接口等部分组成。PLC的硬件系统结构如图1-1所示。

**1. 中央处理器（CPU）**

中央处理器（CPU）是PLC的核心，一般由控制器、运算器和寄存器组成。它用来执行用户程序、监控输入/输出接口状态、做出逻辑判断和进行数据处理，即读取输入变量、完成用户指令规定的各种操作，将结果送到输出端，并响应外部设备（如编程器、电脑、打印机等）的请求以及进行各种内部逻辑判断等。这些都集成在一个芯片之中，通过控制总线、数据总线和地址总线与存储单元、输入输出等电路连接。当PLC运行时，CPU按循环扫描方式执行用户程序：控制用户程序和数据的接收与存储；用扫描的方式通过I/O部件接收现场的状态或数据，并存入输入映像寄存器或数据存储器中；诊断电源、PLC内部电路的工作故障和编程中的语法错误；从存储器逐条读取用户指令，经过编译、解释后按指令规定的任务进行数据传送、逻辑或者算术运算；根据运算的结果，更新有关标志位的状态和输出寄存器的内容，再经过输出单元实现输出控制、制表打印

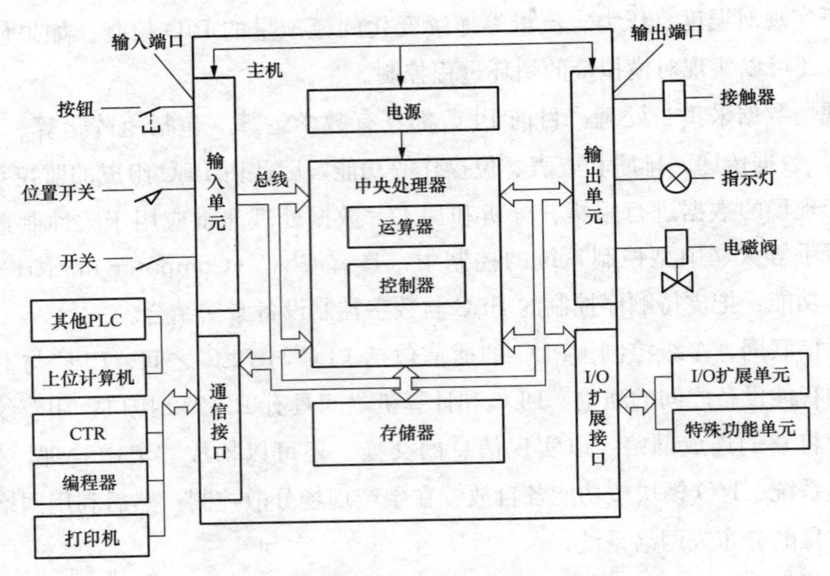


图 1-1　PLC 的硬件系统结构

或数据通信等功能。

不同型号的 PLC 所采用的 CPU 芯片是不同的。小型 PLC 大多采用 8 位通用微处理器（如 Z80、8086、80286 等）或单片微处理器（如 8031、8096 等）；中型 PLC 大多采用 16 位微处理器或单片微处理器；大型 PLC 大多采用高速片式微处理器（如 AMD29W 等）。有的 PLC 采用的是厂家自行设计的专用 CPU。CPU 芯片的性能关系到 PLC 处理控制信号的能力和速度，CPU 位数越多，系统处理的信息量越大，运算速度也越快。为了提高 PLC 的性能，一台 PLC 可以采用多个 CPU 来完成用户要求的控制功能。小型 PLC 为单 CPU 系统，而中、大型 PLC 大多为双 CPU 系统，甚至有些 PLC 的 CPU 多达 8 个。

**2. 存储器**

PLC 的内部存储器有两类。

一类是系统程序存储器，主要存放 PLC 生产厂家编写的系统程序，并固化在 ROM、PROM、EPROM 中，用户不能直接修改。它使 PLC 具有基本的功能，能够完成 PLC 设计者规定的各种工作。系统程序效率的高低在很大程度上决定了 PLC 的性能，其主要包含三部分：系统管理程序，主要用来控制 PLC 的运行，使整个 PLC 能够按部就班地工作；用户指令解释程序，主要用来将 PLC 的编程语言变为机器指令语言，再由 CPU 执行这些指令；标准程序模块与系统调用，它包含许多不同功能的子程序及其调用管理程序，如完成输入输出以及特殊模块等的子程序，PLC 的具体工作都是由这部分来完成的，它也决定了 PLC 性能的高低。

另一类是用户程序及数据存储器，主要存放用户编制的应用程序及各种暂存数据和中间结果。用户程序一般存于 CMOS 静态 RAM 中，用锂电池为后备电源，以免掉电时不会丢失信息。为了防止干扰对RAM中程序的破坏，当用户程序经过调试、运行正常且不需要改变时，可将其固化在EPROM中。现在有许多PLC直接采用EEPROM作为用户存储器。用户数据是用来存放用户程序中使用器件的状态、数值等信息。一般存放在RAM中，以适应随机存储的要求。在数据区，各类数据存放的位置都有严格的划分，每个存储单元都有不同的地址编号。

PLC的产品手册中所列存储器的形式以及容量是指用户程序存储器。当PLC本书自带的用户存储容量不够时，有的PLC还提供有存储器的扩展功能。

**3. 输入/输出（I/O）接口**

I/O接口是PLC与输入/输出设备连接的部件。输入接口接受输入设备（如按钮、传感器、触点、行程开关等）的控制信号。输出接口是将主机经处理后的结果通过功放电路去驱动输出设备（如接触器、电磁阀、指示灯等）。I/O接口一般采用光电耦合电路，以减少电磁干扰，提高可靠性。I/O点数即输入/输出端子数是PLC的一项主要技术指标。另外I/O接口上还有状态指示。PLC一般将输入、输出分成若干组，每组共用一个输入、输出端口。I/O接口的主要类型有数字量输入（DI）、数字量输出（DO）、模拟量输入（AI）、模拟量输出（AO）等。

数字量输入接口：把现场的开关量信号变成PLC内部处理的标准信号。为防止各种干扰信号和高电压信号进入PLC影响其正常工作或造成设备损坏，现场输入接口电路一般都有滤波电路及耦合隔离电路。滤波有抗干扰作用，耦合隔离有抗干扰及产生标准信号的作用。耦合隔离电路的关键器件是光耦合器，一般由二极管和光敏晶体管组成。数字量输入有多种形式，能分别适用于直流和交流的数字输入量。而在直流数字量的输入电路中，根据具体的电路形式又分为源型和漏型。

漏型数字量输入电路示意图如图1-2所示，若干个输入点组成一组，共用一个公共端COM。每一个点都构成一个回路。回路的电流流向是从输入端流入PLC，从公共端流出。电阻R2和电容C组成RC滤波电路，光耦将现场信号与PLC内部电路隔离，并且将现场信号的电平（图1-2中为24V DC）转换为PLC内部可以接收的电平。发光二极管LED用来指示当前数字量输入信号的高低电平状态。

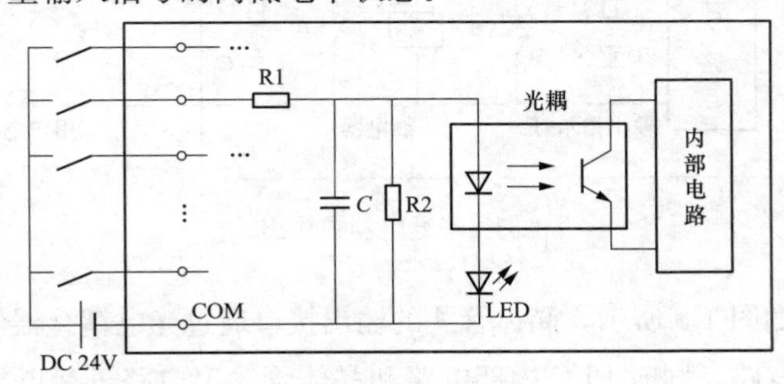


图1-2　漏型数字量输入电路示意图

源型输入电路的形式与图 1-2 基本相似，不同之处在于光耦、发光二极管、24V DC 电源均反向。电流流向是从公共端流入 PLC，从信号端流出。

目前很多 PLC 采用双向光电耦合器，并且使用两个反向并联的发光二极管，这样的话，24V DC 的极性可以任意连接，电流的流向也可以是任意的。

交流数字输入也有多种形式，有些采用桥式整流电路将交流信号转化成直流，然后再经过光耦隔离输入内部电路，带整流桥的交流输入如图 1-3 所示；有些直接使用双向光电耦合器和双向发光二极管，从而省去了桥式整流电路。

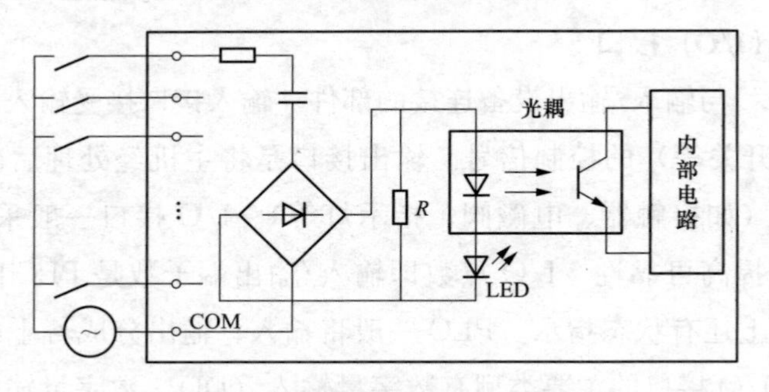


图 1-3 带整流桥的交流输入示意图

数字量输出接口是把 PLC 内部的标准信号转换成现场执行机构所需要的开关量信号。按 PLC 内所使用的器件可分为继电器输出型、晶体管输出型和晶闸管输出型。每种输出电路都采用电气隔离技术，输出接口本身不带电源，电源由外部提供。在考虑外接电源时，必须考虑输出器件的类型。

继电器式输出如图 1-4 所示，继电器式的输出接口利用了继电器的触点和线圈将 PLC 的内部电路与外部负载电路进行电气隔离，交、直流负载均可接，负载能力在这三种输出类型中最强，每点电流为 2A，个别型号的 PLC 每点负载电流高达 8～10A，缺点是接通断开的动作频率低，响应时间长。继电器型输出应用较为广泛。

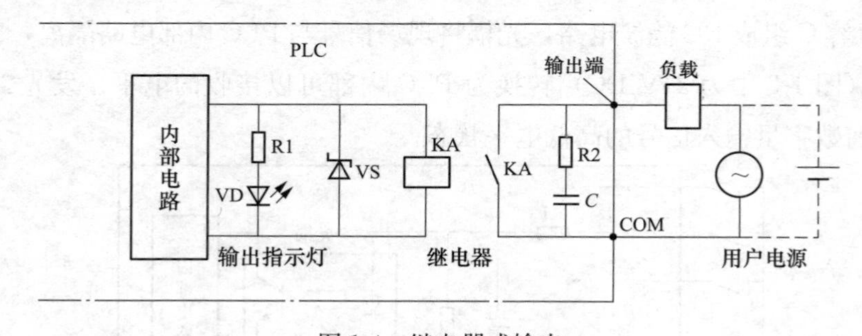


图 1-4 继电器式输出

晶体管式输出如图 1-5 所示，晶体管式的输出接口通过光电耦合器使晶体管截止或导通以控制外部负载电路，同时 PLC 内部电路和晶体管输出电路进行电气隔离，有较高的通断频率，响应速度快，但是只适合于直流驱动的场合，每点的负载限流 0.75A。

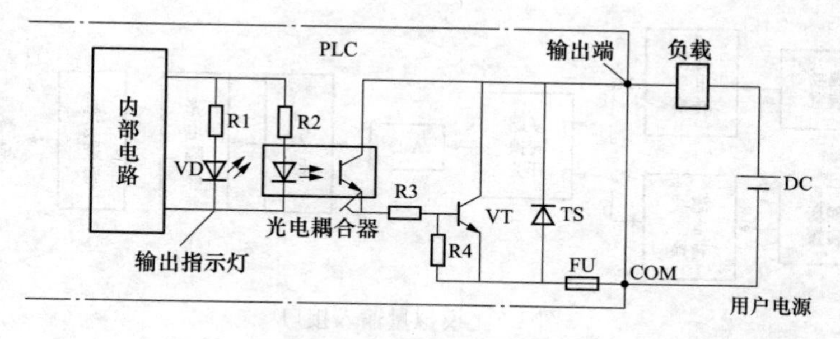


图 1-5 晶体管式输出

晶闸管式输出如图 1-6 所示，晶闸管式的输出接口仅适用于交流驱动场合，每点的负载限流 0.3A。

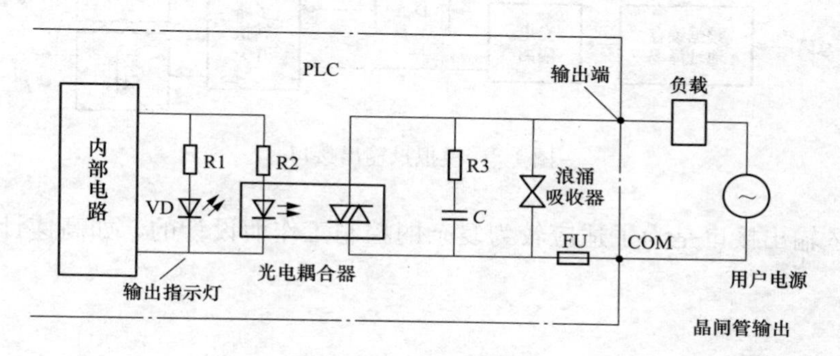


图 1-6 晶闸管式输出

为了使 PLC 避免因受瞬间大电流的作用而损坏，输出端外部接线必须采用保护措施。一是输入和输出公共端接熔断器；二是采用保护电路，对交流感性负载一般采用阻容吸收电路，对直流感性负载用续流二极管。由于输入、输出端是光耦合的，在电气上完全隔离。因此输出端的信号不会反馈到输入端，也不会产生地线干扰或其他串扰，因此 PLC 具有很高的可靠性和极强的抗干扰能力。

模拟量输入接口用来把现场连续变化的模拟量标准信号转化为适合于 PLC 内部处理的由若干位二进制数字表示的信号，如图 1-7 所示。模拟量输入信号可以是电压也可以是电流，在选型时要考虑输入信号的范围及系统要求的 A/D 转换精度。常见的输入范围有 DC±10V、0～10V、±20mA、4～20mA 等。转换精度有 8、10、11、12、16 位等。PLC 的生产厂家的相关技术手册都会提供。此外在选型时还要考虑接线形式是否与传感器是否匹配。

模拟量输出接口用来将 PLC 运算处理后的若干位数字量信号转化为相应的模拟量并输出至现场的执行机构，以满足生产过程现场连续控制信号的要求。它的核心部件是 D/A 转换器。模拟量输出单元的主要技术指标同样包含输出信号形式（电压或电流）、输出信号范围（如 0～10V、4～20mA 等）以及接线形式。在选型时主要考虑这些因素与现场

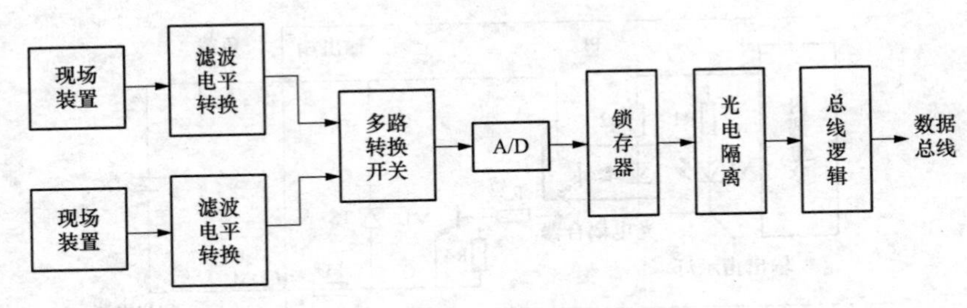


图 1-7　模拟量输入接口

的执行机构相互结合的问题。见图 1-8 所示。

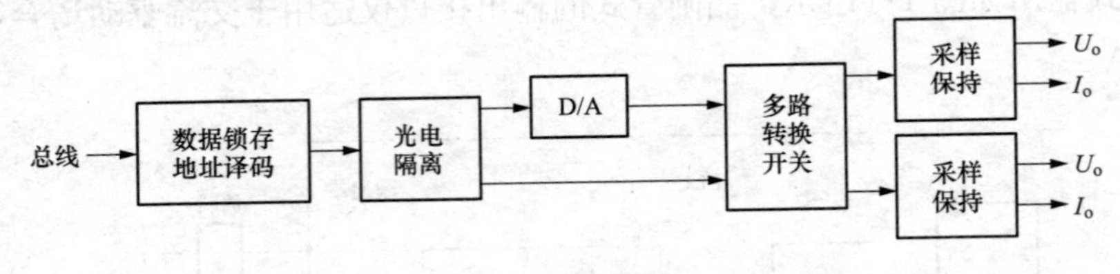


图 1-8　模拟量输出接口

智能输入输出接口是为了适应较为复杂的控制工作而设计的，如高速计数器、温度控制单元等。

**4. 电源**

电源是指为 CPU、存储器、I/O 接口等内部电子电路工作所配置的直流开关稳压电源，通常也为输入设备提供直流电源。PLC 的电源一般采用开关电源，输入电压范围宽，抗干扰能力强，电源的输入和输出之间有可靠的隔离，以确保外界的扰动不会影响到 PLC 的正常工作。

对于整体结构式 PLC 而言，电源通常封装到机箱内部，只需要引入外部电源即可，扩展单元的用电可通过扩展电缆馈送。对于模块式 PLC，有的采用单独电源模块，有的将电源与 CPU 封装到一个模块中。

电源还提供掉电保护电路和后背电池电源，以维持部分 RAM 存储器的数据在外界电源断电后不会丢失。PLC 面板上通常有发光二极管指示电源的工作状态。

电源的容量是各个模块的功耗总和加上裕量。在有些 I/O 单元驱动传感器和负载能力需有 PLC 电源提供的情况下，这一部分功耗也得考虑在内。

**5. 编程器**

编程器是 PLC 的一种主要的外部设备，用于手持编程，用户可用以输入、检查、修改、调试程序或监视 PLC 的工作情况。除手持简易型编程器外，还可通过适配器和专用电缆线将 PLC 与电脑连接，并利用的工具软件进行电脑编程和监控。

**6. 输入/输出扩展单元**

当主机的 I/O 通道数量不能满足系统要求时可以增加扩展单元。这时需要用到 I/O

扩展接口将扩展单元与主机连接起来。

**7. 通信接口**

为了实现“人-机”或者“机-机”对话，PLC配有多种通信接口。此接口可将编程器、打印机、条码扫描仪等外部设备与主机相联，以完成相应的操作。

### 1.2.2　PLC的配置

PLC种类繁多，其结构形式、性能、容量、指令系统和编程方法等各有特点，适用场合也各有不同。选型时，首先需要考虑的是设备容量与性能是否与任务相适应，其次要看PLC的运行速度是否能够满足实时控制的要求。对于纯开关量控制的系统，如果控制速度要求不高，如单台机械的自动控制，可选用小型一体化的PLC，如西门子LOGO!。对于以开关量控制为主、带有部分模拟量控制的应用系统，如工业中遇到的温度、压力、流量、液位等，应选择运算功能较强的小型PLC，并且配备模拟量I/O，如西门子的S7-200。对于比较复杂、控制功能要求较高的系统，如PID调节、高速计数、通信联网等，应选用中、大型PLC。这类PLC多为模块式结构，除了基本的模块外，还提供专用的特殊功能模块。当系统的各个部分分布在不同的地域时，可以利用远程I/O组成分布式控制系统，如西门子的S7-300/400等。

PLC的输出控制相对于输入的变化总是有滞后的，最大达到2～3个循环周期，这对于一般的工业控制而言是允许的，但有些实时控制要求较高，时间滞后少，这时就得选择高性能、模块式结构的PLC了。一方面，这类PLC指令执行的速度很快，例如西门子的S7-300/400 PLC，其浮点运算指令的执行时间可以达到微秒级；另一方面，这类PLC可以配备专门的智能模块，这些模块都自带CPU独立完成操作，可大大提高控制系统的实时性。

## 1.3　PLC的工作原理

继电器控制系统是一种“硬件逻辑系统”，采用的是并行工作方式。PLC是一种为了克服继电器控制系统的不足才推出的、建立在计算机工作原理基础之上的工业控制器。因此可以参照继电器控制系统来学习PLC的工作原理。

### 1.3.1　PLC的等效电路

PLC控制系统的等效电路可以分为三个部分：输入部分、内部电路和输出部分。

**1. 输入部分**

输入部分主要作用是采集输入信号。它由外部输入电路、PLC输入接线端子和输入继电器组成。外部输入信号经PLC输入端子去驱动输入继电器的线圈，每个输入端子与其相同编号的输入继电器有着唯一确定的对应关系。当外部输入元件的接通状态写入其对应的基本单元中去。输入回路要有电源，这个电源可以用 PLC 内部提供的 24V 直流电源，也可以由 PLC 外部的独立交流或直流电源供电。需要强调的是，输入继电器的线圈只能来自现场的输入元器件（如控制按钮、行程开关的触点、各种检测及保护器的触点）的驱动，而不能用编程的方式去控制，因此在梯形图中，只能使用输入继电器的触点，不能使用输入继电器的线圈。

**2. 内部控制电路**

内部控制电路是由用户程序形成的用“软继电器”来代替真实继电器的控制逻辑电路。它的作用是按照用户程序规定的逻辑关系，对输入信号和输出信号的状态进行检测、判断、运算和处理，然后得到相应的输出。

一般用户程序是用梯形图语言完成的，它看起来很像继电器控制线路图。在继电器控制线路图中，继电器的触点可以瞬时动作，也可以延时动作，而 PLC 梯形图中的触点只能瞬时动作。如果需要延时，可由 PLC 提供的定时器完成。延时时间根据需要在编程时设定，其定时精度及范围远远高于时间继电器。PLC 中还提供了计数器、辅助继电器及某些特殊功能的继电器。PLC 的这些器件所提供的逻辑控制功能可在编程时根据需要选用，并且只能在 PLC 的内部控制电路中使用。

**3. 输出部分**

在 PLC 内部、与内部控制电路隔离的输出继电器的外部动合触点、输出端子和外部驱动电路组成的整体称为输出部分。PLC 的内部控制电路有许多输出继电器，有些输出继电器除了为内部控制电路提供编程用的任意数量的动合、动断触点外，还为外部输出电路提供了一个实际的动合触点与输出端子相连。驱动外部负载电路的电源必须由外部电源提供，在 PLC 允许的范围内，电源种类及规格可根据负载要求去配置。

因此，我们可对 PLC 的等效电路做进一步的简化，即将输入等效为一个个继电器的线圈，将输出等效为继电器的一个个动合触点。PLC 的等效工作电路如图 1-9 所示。

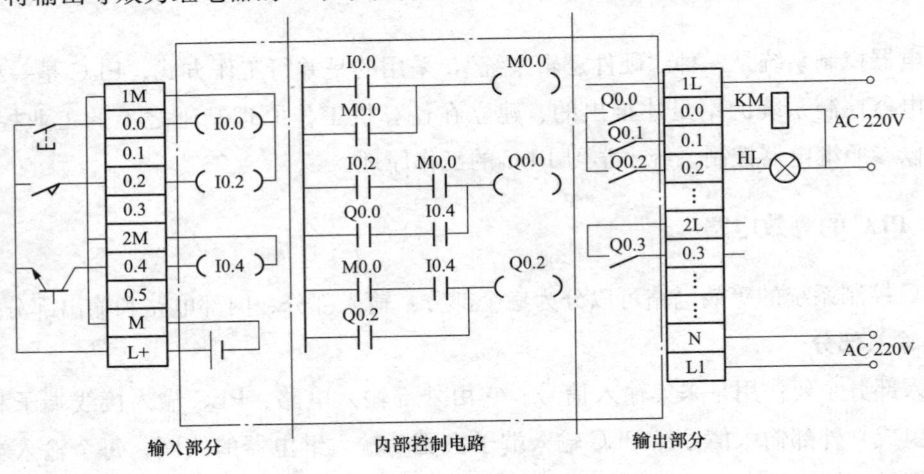


图 1-9　PLC 的等效工作电路

### 1.3.2 PLC的工作过程

PLC是采用“顺序扫描，不断循环”的方式进行工作的，即在PLC运行时，CPU根据用户按控制要求编制好并存于用户存储器中的程序，按指令步序号（或地址号）做周期性循环扫描，如无跳转指令，则从第一条指令开始逐条执行用户程序，直至程序结束。然后重新返回第一条指令，开始下一轮新的扫描。在每次扫描过程中，还要完成对输入信号的采样和对输出状态的刷新等工作。每一次扫描所用的时间称为扫描周期或工作周期。

PLC的扫描一个周期必经输入采样、程序执行和输出刷新三个阶段。

PLC在输入采样阶段时，首先以扫描方式按顺序将所有暂存在锁存器中的输入端子的通断状态或输入数据逐个扫描读入，并将其写入各自对应的输入状态寄存器中，即刷新输入。随即关闭输入端口，进入程序执行阶段输入状态寄存器被刷新后将一直保存，直至下一个循环才会被重新刷新，所以当输入采样结束后，如果输入设备的状态发生变化，也只能在下一个周期才能被PLC接收到。

PLC在程序执行阶段时，按用户程序指令存放的先后顺序扫描执行每条指令，经相应的运算和处理后，其结果再写入输出状态寄存器中，输出状态寄存器中所有的内容随着程序的执行而变化。

PLC在输出刷新阶段时，当所有指令执行完毕，输出状态寄存器的通断状态在输出刷新阶段送至输出锁存器中，并通过一定的方式（继电器、晶体管或晶闸管）的输出，驱动相应输出设备工作。输出锁存器一直将状态保持到下一个循环周期，而输出映像寄存器的内容在程序执行阶段是动态的。PLC工作的全过程可以用图1-10来表示。

PLC工作过程有以下几个特点：

（1）PLC采用集中采样、集中输出的工作方式，减少了外界的干扰。

（2）PLC采用的是循环扫描，扫描时间的长短取决于指令执行速度、用户程序的长短。

（3）对一般的开关量输入而言，可以认为其采样是连续的。PLC扫描周期一般仅几十ms，因此两次采样之间的间隔时间很短，考虑到程序的大小、输入电路滤波时间、输出电路的滞后等时间，一般仍可认为输出是及时的。

（4）输出映像寄存器的内容取决于用户程序扫描执行的结果。

（5）输出锁存器的内容由上一次输出刷新器件输出映像寄存器的内容决定。

（6）输出端子的实际状态，由输出锁存器的内容决定。

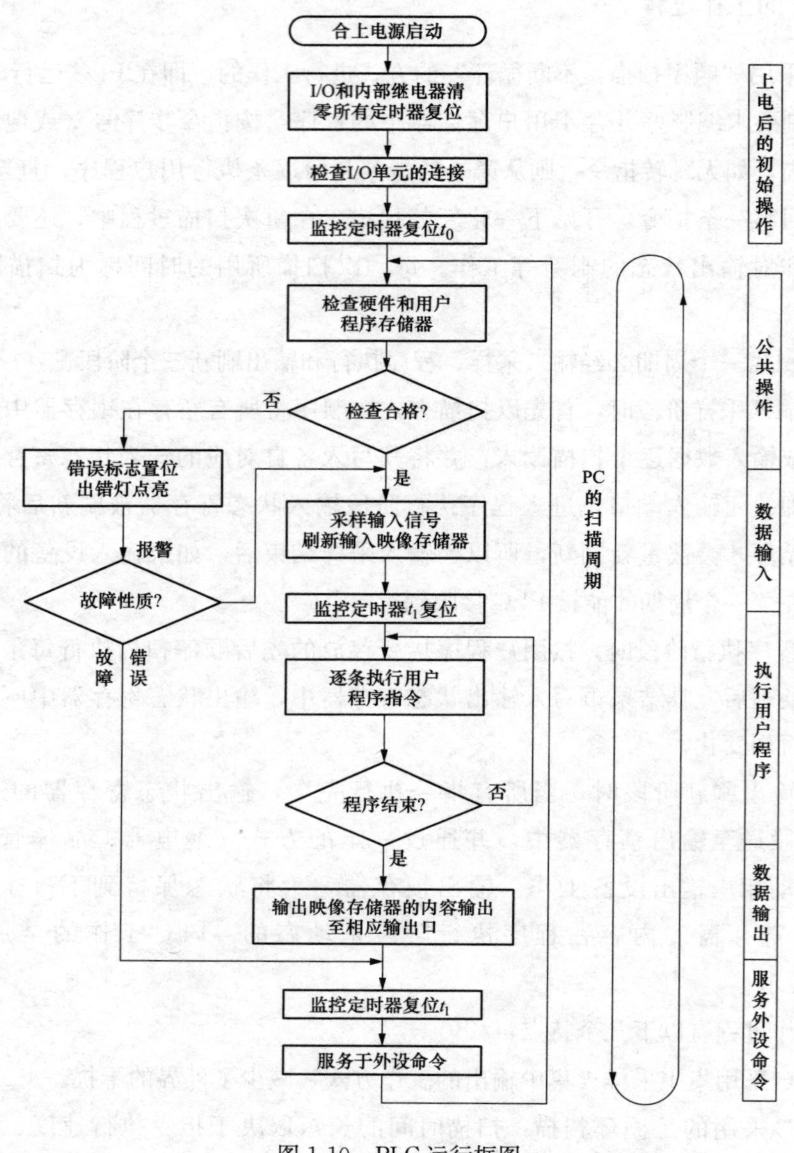


图 1-10　PLC 运行框图

## 1.4　PLC 的软件基础

### 1.4.1　PLC 软件的分类

PLC 的软件包含系统软件和应用软件两大部分。系统软件包括系统的管理程序（监控程序）、用户指令的解释程序（编译程序），还有一些供系统调用的专用标准程序块（包括系统诊断程序）等。系统管理程序用来完成机内运行相关时间分配、存储空间分配管理及系统自检等工作。用户指令的解释程序用以完成用户指令变换为机器时间的工作。系统软件在用户使用 PLC 之前就已经装入机内并永久保存，在控制过程中一般不需要做调整。应用软件也叫用户程序，是用户采用 PLC 厂家提供的编程语言来编制的程序以达到某种控制目的和控制要求。

### 1.4.2 PLC的编程语言

应用程序的编制需要使用 PLC 厂家提供的编程语言。国际标准化的 IEC1131-3 编程语言详细地说明了句法、语法和下述 5 种编程语言的表达方式：

顺序功能图（sequential function chart，SFC）。

梯形图（ladder diagram，LAD、LD）。

功能块图（function block diagram，FBD）。

语句表（statement list，STL）。

结构文本（structured text，ST）。

**1. 顺序功能图**

顺序功能图（sequential function chart，SFC）是一种位于其他编程语言之上的图形语言，也称功能图，有些类似于计算机编程时用到的流程图，如图 1-11 所示。它提供了一种组织程序的图形方法，在其中可以分别用别的语言嵌套编程，主要用来编写顺序控制程序。步、转换和动作是它的三个要素。它能将一个复杂的控制过程分解为一些小的过程或者步骤，然后按照顺序连接组合成整体的控制程序。因此可以使用这种编程语言对具有并发、选择等复杂性的系统进行编程，根据它就比较容易画出梯形图程序。

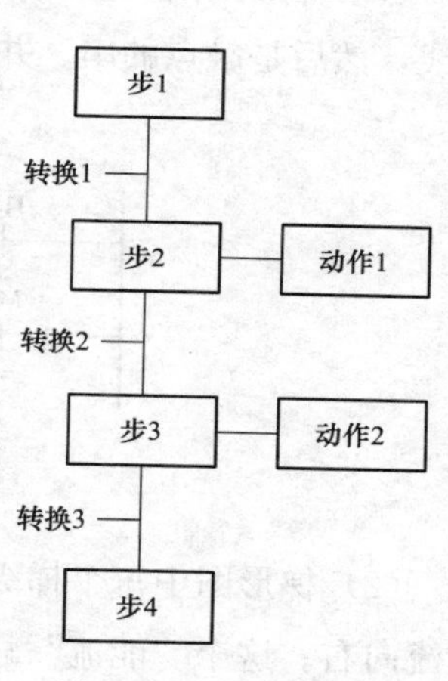

图 1-11 顺序功能图

**2. 梯形图**

梯形图（语言）是一种从继电接触控制电路图演变而来的图形语言。它是借助类似于继电器的动合、动断触点、线圈以及串、并联等术语和符号，根据控制要求连接而成的表示 PLC 输入和输出之间逻辑关系的图形，直观易懂。

将在 PLC 中参与逻辑组合的元件看成是和继电器一样的元件，具有常开、常闭触点及线圈，且触点的得电和失电会引发线圈的相应动作；再用母线代替电源线，用能量流概念来代替继电器电路中的能流概念，用与绘制继电器电路图类似的思路绘出梯形图。梯形图和继电器对应的符号如表 1-1 所示。需要注意的是，PLC 中的继电器等编程元件并不是实际的物理元件，而是计算机存储器中一定的位，它的所谓接通不过是将相应的存储单元置 1 而已。

**表 1-1　　梯形图与继电器图形符号对照表**

| 符号名称 | 继电器电路图符号 | 梯形图符号 |
|---|---|---|
| 常开触点 | | |
| 常闭触点 | | |
| 线圈 | | |

梯形图由触点、线圈和用方框图表示的功能块组成。触点代表逻辑输入条件，线圈代表逻辑输出结果，功能块用来表示定时器、计数器等附加指令。梯形图中编程元件的种类用图形符号及标注的字母或数字加以区别，和继电器电路一样，文字符号相同的图形符号是属于同一个元件的。

梯形图的设计应注意以下三点：

（1）梯形图按从左到右、自上而下的顺序排列。每一逻辑行（或称梯级）起时于左母线，然后是触点的串、并联，最后是线圈与右母线相联，如图 1-12 所示。

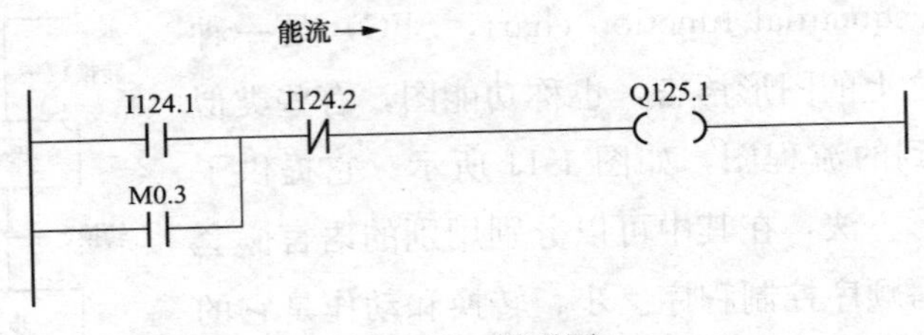


图 1-12　梯形图

（2）梯形图中每个梯级流过的不是物理电流，而是假想的“能流”（power flow），从左流向右。这个“能流”只是用来形象地描叙用户程序执行中应满足线圈接通的条件。

（3）输入继电器用于接收外部输入信号，而不能由 PLC 内部其他继电器的触点来驱动。因此，梯形图中只出现输入继电器的触点不出现其线圈。输出继电器则将输出程序执行结果给外部输出设备，当梯形图中的输出继电器线圈得电时，就有信号输出，但不是直接驱动输出设备，而要通过输出接口的继电器、晶体管或晶闸管才能实现。输出继电器的触点也可供内部编程使用。

使用编程软件可以直接编辑梯形图，梯形图是目前最常见的一种编程语言。

**3. 功能块图**

功能块图有点类似于数字逻辑电路的编程语言，有数字电路基础的人比较容易掌握。方框的左侧为逻辑运算的输入变量，右侧为输出变量，输入、输出端的小圆圈表示“非”运算，信号自左向右流动。功能块图与语句表如图 1-13 所示。

这种编程语言有利于程序流的跟踪，但是在目前使用较少。

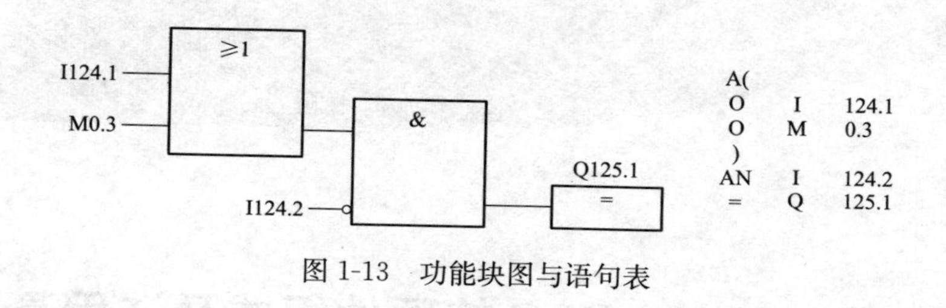


图 1-13　功能块图与语句表

**4. 语句表**

语句表又称为指令语句表，是一种用指令助记符来编制 PLC 程序的语言，它类似于计算机的汇编语言，但比汇编语言易懂易学。若干条指令组成的程序就是指令语句表。一条指令语句是由步序、指令语和作用器件编号三部分组成。在使用简易编程器编程时，常常需要将梯形图转换成语句表才能输入 PLC。

**5. 结构文本**

使用梯形图来表示一般、简单的功能比较容易，但是若要实现很多复杂的高级功能就会很不方便。为了增强 PLC 的数学运算、图标显示、报表打印等功能，许多大、中型 PLC 都配备了一种叫作结构文本的专门高级编程语言。与梯形图相比，它能实现复杂的数学运算，编写的程序非常简捷、紧凑，且编制逻辑运算程序也很容易。

**6. 编程语言的相互转换和选用**

梯形图程序中输入信号和输出信号之间的逻辑关系直接、简单。因此一般情况下用梯形图就可以了。

语句表程序较难阅读，其中的逻辑关系很难一目了然，但是语句表输入方便，还可以为语句表加上注释，便于复杂程序的阅读。因此在涉及高级应用程序时建议使用语句表语言，更为关键的是语句表可以处理梯形图不能处理的问题。

## 思　考　题

1. PLC 的特点是什么？PLC 主要应用在哪些领域？
2. PLC 由哪几部分组成，各有什么作用？
3. PLC 的输出接口电路有哪几种输出方式，各有什么特点？
4. PLC 的工作原理和工作流程是怎样的？你是怎么理解 PLC 和计算机工作原理的？
5. 谈谈你对梯形图编程语言的理解。

# 第 2 章　S7-200 PLC 的硬件组成及选用基础

## 2.1　S7-200 PLC 的基本组成

PLC 的产品很多，不同的厂家生产不同系列、不同型号的 PLC。西门子公司的 SIMATIC S7系列的 PLC 在自动化控制领域占有重要的地位。S7 系列 PLC 分为 S7-200 小型机、S7-300 中型机和 S7-400 大型机。其中 S7-200 PLC 是西门子公司在 20 世纪 90 年代推出的一种整体式小型 PLC，如图 2-1 所示。它的结构紧凑、扩展性良好、指令功能强大、价格低廉，已经成为当代各种小型控制项目理想的控制器。

图 2-1　S7-200 系列 PLC

S7-200 PLC 包含了一个单独的 S7-200 CPU 和各种可选择的扩展模块，容易组成不同规模的控制系统。其控制规模可从几点到几百点。S7-200 PLC 可以方便地组成 PLC-PLC 网络和微机-PLC 网络，从而完成规模更大的项目。

S7-200 PLC 的硬件组成采用整体加积木式，即主机自身携带一定数量的 I/O，同时还可以扩展各种功能模块；除此之外，还有编程用的个人计算机（PC）或者编程器、编程软件 STEP7-Micro/WIN32、通信电缆等。S7-200 PLC 的组成如图 2-2 所示。

**1. S7-200 PLC 的基本单元**

基本单元也称为主机，由中央处理单元（CPU）、电源、数字量输入/输出单元组成。这些都被紧凑地安装在一个独立装置中，可以构成一个独立的控制系统。从 CPU 模块的功能来看，SIMATIC S7-200 系列小型 PLC 发展至今，大致经历了两代：

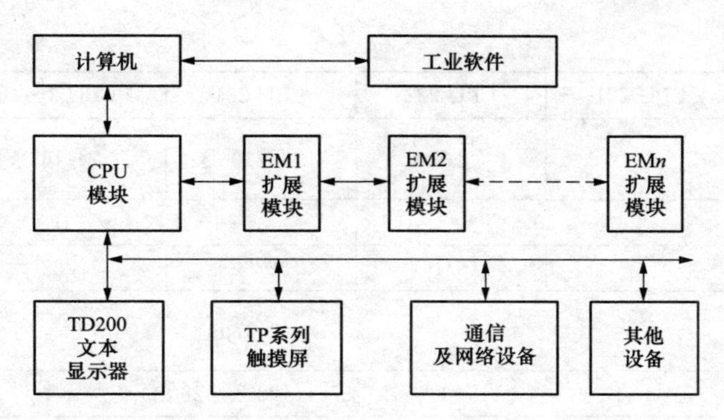


图 2-2　S7-200 PLC 的组成

第一代产品的 CPU 模块为 CPU 21X，主机都可进行扩展，它具有四种不同配置的 CPU 单元：CPU 212、CPU 214、CPU 215 和 CPU 216，本书不介绍该产品。

第二代产品的 CPU 模块为 CPU 22X，主机都可进行扩展，它具有五种不同配置的 CPU 单元：CPU 221、CPU 222、CPU 224、CPU 226 和 CPU 226XM，除 CPU 221 之外，其他都可加扩展模块，是目前小型 PLC 的主流产品。本书介绍的是 CPU 22X 系列产品。这几种 CPU 的外部结构大致相同，如图 2-3 所示。

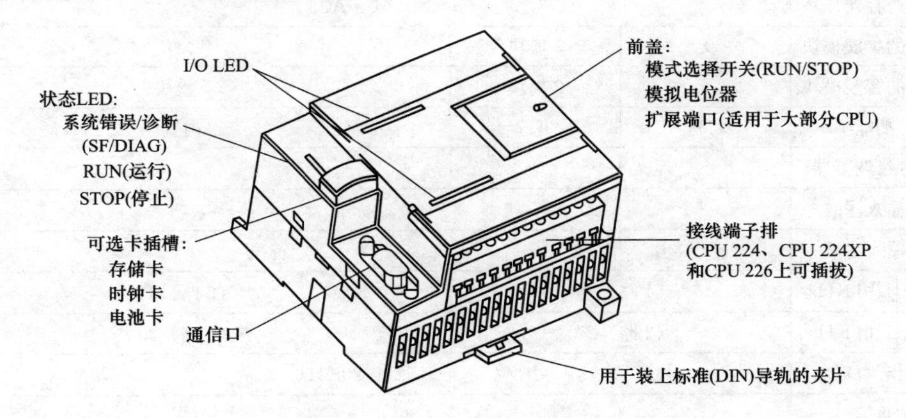


图 2-3　S7-200 PLC 的外形结构图

对于每个型号，西门子厂家都提供有产品货号，根据产品货号可以购买到指定类型的 PLC。CPU 22X 系列的技术指标如表 2-1 所示。

**表 2-1　CPU 22X 系列的技术指标**

| 项目名称 | CPU 221 | CPU 222 | CPU 224 | CPU 226 | CPU 226XM |
|---|---|---|---|---|---|
| 外形尺寸/mm | 90×80×62 | | 120.5×80×62 | 190×80×62 | |
| 用户程序区 | 4KB | 4KB | 8KB | 8KB | 16KB |
| 数据存储区 | 2KB | 2KB | 5KB | 5KB | 10KB |
| 用户存储类型 | EEPROM | | | | |

续表

| 项目名称 | CPU 221 | CPU 222 | CPU 224 | CPU 226 | CPU 226XM |
| --- | --- | --- | --- | --- | --- |
| 主机数字量输入/输出点数 | 6/4 | 8/6 | 14/10 | 24/16 | 24/16 |
| 掉电保护时间/h | 50 | | 190 | | |
| 模拟量输入/输出点数 | 无 | 16/16 | 32/32 | 32/32 | 32/32 |
| 扫描时间/1 条指令（33MHz） | 0.37μs | | | | |
| 数字量 I/O 映像/bit | 256（128 入/128 出） | | | | |
| 模拟量 I/O 映像/bit | 无 | | 32（16 入/16 出） | 64（32 入/32 出） | |
| 硬件输入中断 | 4 | | | | |
| 最大输入/输出点数 | 256 | 256 | 256 | 256 | 256 |
| 位存储区 | 256 | 256 | 256 | 256 | 256 |
| 定时器 | 256 | 256 | 256 | 256 | 256 |
| 定时器中断 | 2（1～255ms） | | | | |
| 通信中断发送/接收 | 1/2 | | | | |
| 计数器 | 256 | 256 | 256 | 256 | 256 |
| 累加寄存器 | AC0-AC3 | | | | |
| 允许最大的扩展模块 | 无 | 2 模块 | 7 模块 | | |
| 允许最大的智能模块 | 无 | 2 模块 | 7 模块 | | |
| 时钟功能 | 可选 | 可选 | 内置 | | |
| 模拟量电位调节器 | 1 | | 2 | | |
| 数字量输入滤波 | 标准 | | | | |
| 模拟量输入滤波 | 无 | 标准 | | | |
| 高速计数器 相 KHz | （4 路）30 | | （6 路）30 | | |
| 高速计数器 相 KHz | （2 路）20 | | （4 路）20 | | |
| 脉冲输出（DC） | 2 个 20KHz | | | | |
| RS485 通信口 | 1 | | 2 | | |
| 口令保护 | 有 | | | | |

由表 2-1 可知，CPU 22X 系列具有不同的技术性能，使用于不同要求的控制系统：

CPU 221：用户程序和数据存储容量较小，有一定的高速计数处理能力，适合用于点数少的控制系统。

CPU 222：和 CPU 221 相比，它可以进行一定模拟量的控制，可以连接 2 个扩展模块，应用更为广泛。

CPU 224：和前两者相比，存储容量扩大了一倍，有内置时钟，它有更强的模拟量和高速计数的处理能力，使用很普遍。

CPU 226：和 CPU 224 相比，增加了通信口的数量，通信能力大大增强，可用于点数较多、要求较高的小型或中型控制系统。

CPU 226XM：它是西门子公司推出的一款增强型主机，主要在用户程序和数据存储容量上进行了扩展，其他指标和 CPU 226 相同。

**2. S7-200 CPU 22X 的电源**

西门子厂家对于每个型号都提供 24V DC 和 120V/240V AC 两种电源供电的 CPU 类型。可在主机模块外壳的侧面看到电源规格。

输入接口电路也分连接外信号源直流和交流两种类型。输出接口电路主要有两种类型，即交流继电器输出型和直流晶体管输出型。CPU 22X 系列 PLC 可提供五个不同型号的 10 种基本单元 CPU 供用户选用，其类型及参数如表 2-2 所示。

**表 2-2　S7-200 系列 CPU 的电源**

| 型号 | 电源/输入/输出类型 |
|---|---|
| CPU 221 | DC/DC/DC |
|  | AC/DC/继电器 |
| CPU 222 | DC/DC/DC |
|  | AC/DC/继电器 |
| CPU 224 | DC/DC/DC |
|  | AC/DC/继电器 |
|  | AC/DC/继电器 |
| CPU 226 | DC/DC/DC |
|  | AC/DC/继电器 |
| CPU 226XM | DC/DC/DC |
|  | AC/DC/继电器 |

表中的电源/输入/输出类型如为 DC/DC/DC，则表示电源、输入类型为 24V DC，输出类型为 24V DC 晶体管型；如为 AC/DC/继电器，则表示电源类型为 220V AC，输入类型为 24V DC，输出类型为继电器型。CPU 22X 电源供电接线图如图 2-4 所示。

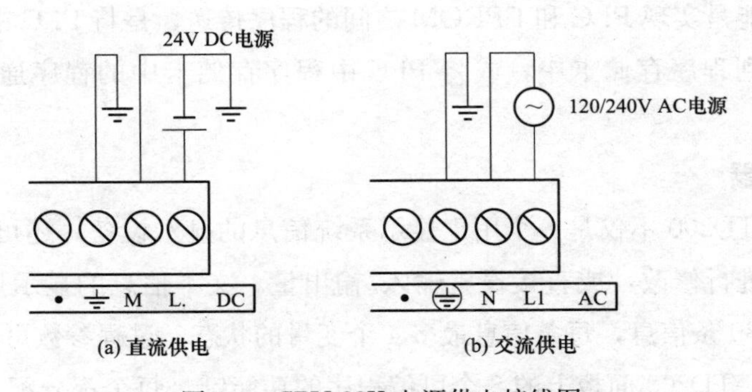


图 2-4　CPU 22X 电源供电接线图

在安装和拆除 S7-200 之前，必须确认该设备的电源已断开，并遵守相应的安全防护规范。如果在带点情况下对 S7-200 及相关设备进行安装或接线，可能导致电击和设备损坏。

另外在主机模块中通常配有锂电池，用于在掉电时保护用户数据和程序。

**3. 存储器**

PLC 存储器的种类和形式有很多。从存储器种类来分有 ROM、EPROM、EEPROM、RAM；从安装形式来分有直接插入式的集成块、存储器板、IC 卡等；从用途来分有系统程序存储器、数据存储器和用户存储器。

**4. 程序存储卡**

为了保证程序及重要参数的安全，一般小型 PLC 设有外接 EEPROM 卡盒接口，通过该接口可以将卡盒的内容写入 PLC，也可将 PLC 内的程序及重要参数传到外接 EEPROM 卡盒内作为备份。程序存储卡 EEPROM 有 6ES 7291-8GC00-0XA0 和 6ES 7291-8GD00-0XA0 两种，程序容量分别为 8K 和 16K 程序步。

**5. LED 指示灯**

在主机模块上有 LED 指示灯，用于指示 PLC 电源、运行、编程、测试、断开、出错、电池电量、警告灯信息。

**6. 编程器**

PLC 在正式运行时，不需要编程器。编程器主要用来进行用户程序的编制、存储和管理等，并将用户程序送入 PLC 中，在调试过程中，进行监控和故障检测。S7-200 系列 PLC 可采用多种编程器，一般可分为简易型和智能型。简易型编程器是袖珍型的，简单实用，价格低廉，是一种很好的现场编程及监测工具，但显示功能较差，只能用指令表方式输入，使用不够方便。智能型编程器采用计算机进行编程操作，将专用的编程软件装入计算机内，可直接采用梯形图语言编程，实现在线监测，非常直观，且功能强大，S7-200 系列 PLC 的专用编程软件为 STEP7-Micro/WIN。

**7. 写入器**

写入器的功能是实现 PLC 和 EPROM 之间的程序传送，是将 PLC 中 RAM 区的程序通过写入器固化到程序存储卡中，或将 PLC 中程序存储卡中的程序通过写入器传送到 RAM 区。

**8. 文本显示器**

文本显示器 TD200 不仅是一个用于显示系统信息的显示设备，还可以作为控制单元对某个量的数值进行修改，或直接设置输入/输出量。文本信息的显示用选择/确认的方法，最多可显示 80 条信息，每条信息最多 4 个变量的状态。过程参数可在显示器上显示，并可以随时修改。TD200 面板上的 8 个可编程序的功能键，每个都分配了一个存储器位，这些功能键在启动和测试系统时，可以进行参数设置和诊断。

## 2.2　S7-200 PLC 的输入、输出扩展模块

S7-200 PLC 系列自身提供一定数量的 I/O 点，当主机的 I/O 点数不够用或需要进行特殊功能的控制时，通常要进行 I/O 扩展。I/O 扩展包括 I/O 点数的扩展和功能模块的扩展。不同的 CPU 有不同的扩展规范，它主要受 CPU 寻址能力的限制。使用时可参考西门子 S7-200 的系统手册。

### 2.2.1　模拟量扩展模块

模拟量扩展模块类型如表 2-3 所示。

表 2-3　模拟量扩展模块型号及用途

| 分类 | 型号 | I/O 规格 | 功能及用途 |
|---|---|---|---|
| AI | EM231 | AI4I 12 位 | 4 路模拟输入，12 位 A/D 转换 |
| | | AI4I 热电偶 | 4 路热电偶模拟输入 |
| | | AI4I RTD | 4 路热电阻模拟输入 |
| AO | EM232 | AQ2I 12 位 | 2 路模拟输出 |
| AI/AO | EM235 | AI4/AQlI 12 | 4 路模拟输入，1 路模拟输出，12 位转换 |

不同型号的扩展模块，其订货号不同。即使型号相同，因为输入信号的不同，参数特性也不同。这些都可以从 PLC 扩展模块的产品手册中查到。

### 2.2.2　数字量扩展模块

常用的数字量输入/输出扩展模块有三类，即输入扩展模块、输出扩展模块、输入/输出扩展模块。S7-200 系列 PLC 数字量 I/O 扩展模块如表 2-4 所示。

表 2-4　S7-200 系列 PLC 数字量 I/O 扩展模块

| 类型 | 型号 | 输入点数/类型 | 输出点数/类型 |
|---|---|---|---|
| DI | M221 | 8 输入/24V DC 光电隔离 | |
| | M221 | 8 输入/120/230V AC | |
| DO | M222 | | 8 输出/24V DC 晶体管型 |
| | M222 | | 8 输出/继电器型 |
| | M222 | | 8 输出/120/230V AC 晶闸管型 |
| DI/DO | M223 | 4 输入/24V DC 光电隔离 | 4 输出/24V DC 晶体管型 |
| | M223 | 4 输入/24V DC 光电隔离 | 4 输出/继电器型 |
| | M223 | 8 输入/24V DC 光电隔离 | 8 输出/24V DC 晶体管型 |
| | M223 | 8 输入/24V DC 光电隔离 | 8 输出/继电器型 |
| | M223 | 16 输入/24V DC 光电隔离 | 16 输出/24V DC 晶体管型 |
| | M223 | 16 输入/24V DC 光电隔离 | 16 输出/继电器型 |

不同型号的数字量扩展模块的订货号也不同。即使型号相同，因为输入信号制式的不同，参数特性也不同。这些都可以从 PLC 扩展模块的产品手册中查到。

### 2.2.3 特殊功能扩展模块（智能模块）

为了满足更加复杂的控制功能的需要，PLC 还配有多种特殊功能扩展模块。这些智能模块都有其自身的处理器，它是一个独立的自制系统。S7-200 的特殊功能模块有多种类型，举例如下。

EM253 位置控制（定位处理）模块：支持开环速度和定位控制。一般用于控制步进电机控制器和伺服电机控制器。支持 RS422/RS-485 差动输出和漏极开路输出。每个模块可以控制一个轴。

通信模块：除 CPU 本体上的通信口可以支持 PPI/MPI 和自由口通信之外，S7-200 系列使用扩展模块支持更多的通信模式。这些通信模块有：EM277，即 PROFIBUS-DP/MPI 通信模块，带 DB-9 插座，可连接到 PROFIBUS-DP 和 MPI 网络上。EM277 也可以用于连接西门子的 HMI（Human Machine Interface，人机接口或人机界面）产品。EM241，即模拟音频调制解调器（Modem）模块，带 RJ11 电话插口，支持自动电话拨号等功能。CP243-1，即以太网模块，带 RJ45 接口，可连接到支持 TCP/IP 标准的以太网中，与西门子的其他 CP243 模块、CP343/CP443 模块或西门子软件（OPC Server）通信。CP243-1 IT，即带因特网功能的以太网模块，除 CP243-1 的功能外，还支持 FTP、HTTP、E-mail 等 IT 功能。CP243-2，即 AS-Interface（执行器-传感器接口）主站模块，AS-Interface 从站可以连接到端子上，一个完整的系统还需要 AS-Interface 电源等设备。

除此之外还有 PID 调节模块、高速计数模块、温度传感器模块、高速脉冲输出模块、阀门控制模块等。随着智能模块品种的不断增加，S7-200 PLC 的应用领域也将越来越广泛。

扩展模块时，通过 CPU 模块和扩展模块上的扩展电缆把各个扩展模块依次串接起来，形成一个扩展链。在进行最大 I/O 配置的预算时要考虑以下几个因素的限制：允许的扩展模块数、映像寄存器的数量、CPU 为扩展模块所能提供的最大电流和每种扩展模块消耗的电流。

## 2.3 S7-200 PLC 系统硬件的选用

### 2.3.1 PLC 选择

根据所需要的功能考虑系统的控制速度。PLC 是采用顺序扫描的工作方式，其顺序扫描工作方式使它不能可靠地接收持续时间小于 1 个扫描周期的输入信号。为此，对于快速反映的信号需要选取扫描速度高的机型。

### 2.3.2　电源的选择

这一部分对于 S7-200 PLC 而言不存在问题，因为 S7-200 的电源都是内置的。

### 2.3.3　I/O 点数的确定

一般来讲，可编程控制器控制系统的规模的大小是用输入、输出的点数来衡量的。我们在设计系统时，应准确统计被控对象的输入信号和输出信号的总点数并考虑今后调整和工艺改进的需要，在实际统计 I/O 点数基础上，一般应加上 10%～20%的备用量。

对于整体式的基本单元，输入输出点数是固定的，根据输入/输出点数的比例情况，可以选用输入/输出点都有的扩展单元或模块，也可以选用只有输入（输出）点的扩展单元或模块。

### 2.3.4　扩展模块

当点数不足时扩展模块是否容易添加。系统输入信号、输出信号的性质、参数和特性要求。如数字量输出模块 EM222 晶体管、继电器和晶闸管三种不同类型的输出能否适合系统要求。继电器型输出模块的触点工作电压范围广，导通压降小，承受瞬时过电压和过电流的能力较强，但是动作速度较慢，寿命（动作次数）有一定的限制。一般控制系统的输出信号变化不是很频繁，我们优先选用继电器型，并且继电器输出型价格最低，也容易购买。晶体管型与双向可控硅型输出模块分别用于直流负载和交流负载，它们的可靠性高，反应速度快，寿命长，但是过载能力稍差。选择时应考虑负载电压的种类和大小、系统对延迟时间的要求、负载状态变化是否频繁等，还应注意同一输出模块对电阻性负载、电感性负载和白炽灯的驱动能力的差异。

### 2.3.5　用户存储器容量的估算

根据经验，对于开关量控制系统，用户程序所需存储器的容量等于 I/O 信号总数乘以 8。对于有模拟量输入输出的系统，每一路模拟量信号大约需 100 存储器容量。如果使用通信接口，那么每个接口需 300 存储器容量。一般估算时算出存储器的总字数应再加上一个备用量。

### 2.3.6　编程器和外围设备的选择

早期的小型可编程控制系统，通常都选用价格便宜的简易编程器。如果系统较大，可编程控制器多，可以选用一台功能强、编程方便的图形编程器。个人计算机普及后，编程软件包应运而生，在个人计算机上安装的编程软件包配上通信电缆，也可取代原编程器。

关于可编程控制器的选型问题，还应考虑到它的联网通信功能、价格、可靠性等因素。

## 2.4 S7-200 PLC 的接线图

CPU 221、CPU 222、CPU 224、CPU 224XP 和 CPU 226 的接线图分别如图 2-5～图 2-9 所示。

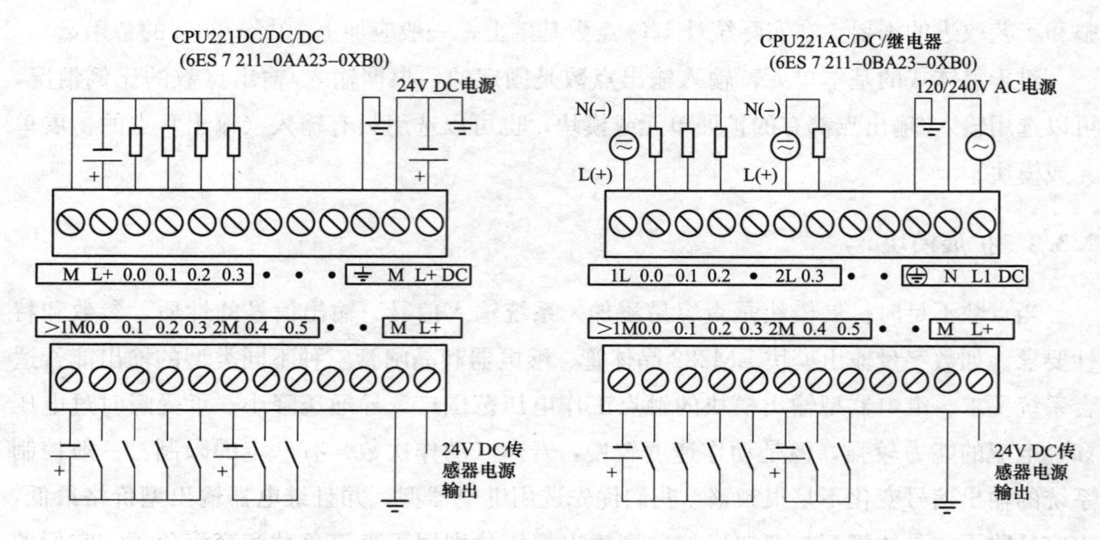


图 2-5 CPU 221 接线图

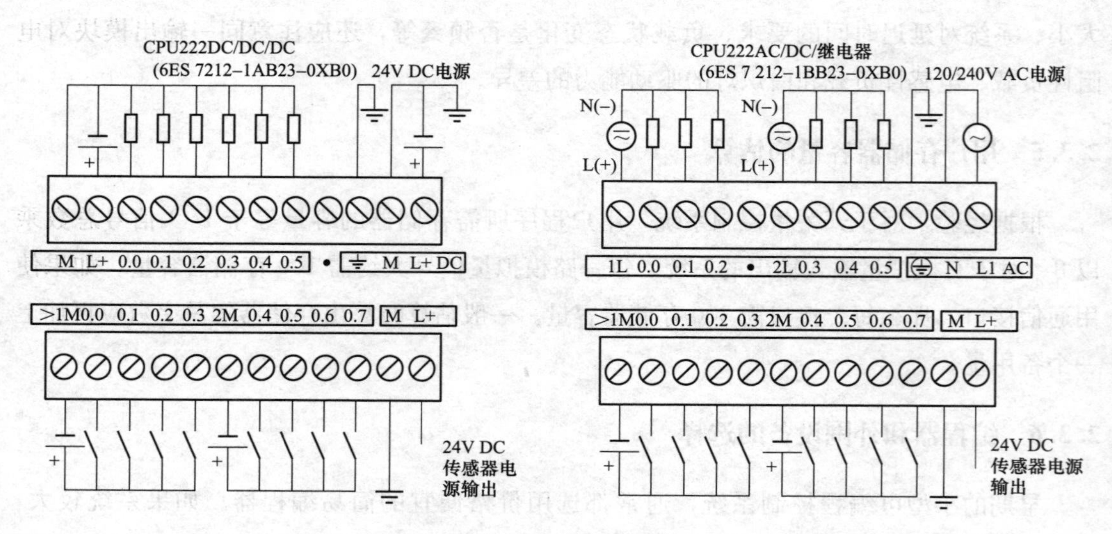


图 2-6 CPU 222 接线图

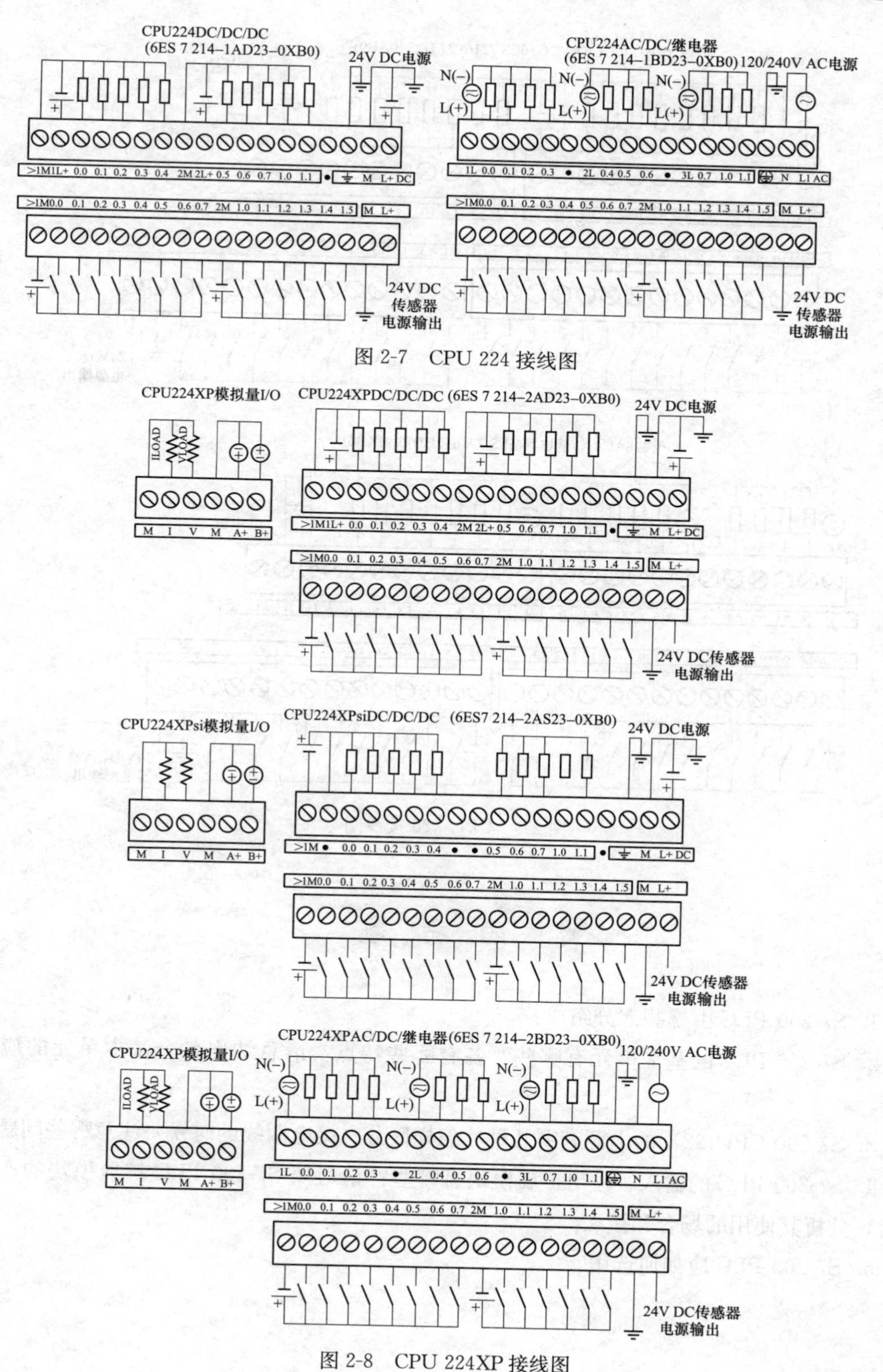


图 2-7　CPU 224 接线图

图 2-8　CPU 224XP 接线图

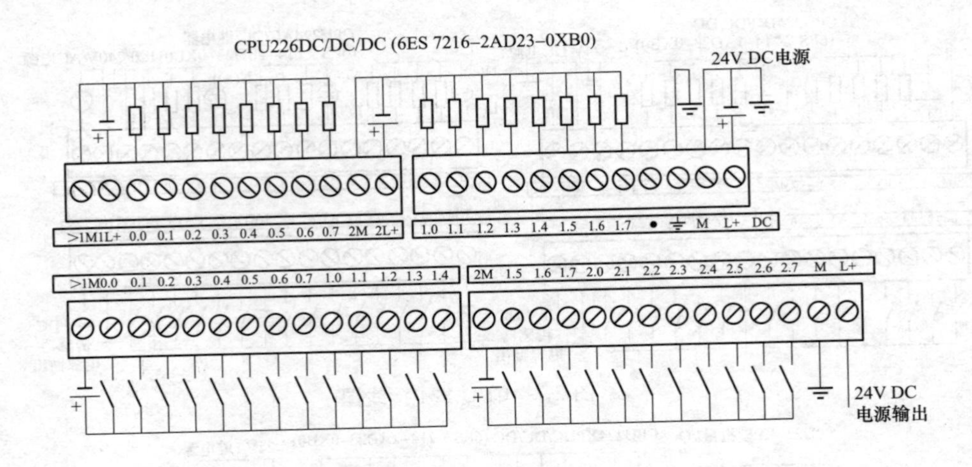


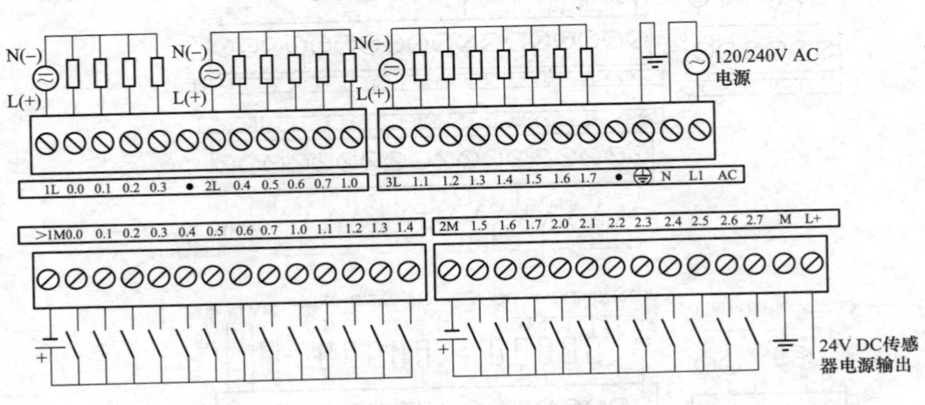


图 2-9 CPU 226 接线图

## 思 考 题

1. S7-200 PLC 由哪些部分组成？

2. S7-200 PLC 的基本单元有哪些？各有哪些特点？请总结出各个基本单元的应用场合。

3. S7-200 CPU 22X 的电源有哪几种？怎样区分？接电源线的时候要注意哪些问题？

4. S7-200 PLC 的输入、输出扩展模块有哪些？请对照 S7-200 PLC 扩展模块的产品手册，分析其使用的场合和接法。

5. S7-200 PLC 应如何选用？

# 第3章　STEP7-Micro/WIN编程软件

## 3.1　软　件　简　介

STEP7编程软件是用于西门子公司S7系列PLC的工具软件，是一种基于Windows的应用软件。它包括了用于S7-200 PLC的STEP7-Micro/WIN与用于S7-300/400 PLC的STEP7两种基本工具软件。STEP7-Micro/WIN编程软件主要以S7-200 PLC的用户程序编辑功能为主（包括符号表编辑），可以用于PLC用户程序开发、编辑、监控，其使用与操作相对简单，功能也较单一。

STEP7-Micro/WIN编程软件有多种版本，目前常用的为STEP7-Micro/WIN 32、40版，其软件界面、使用方式基本一致。可以使用中文、英文、德文等多种语言。

STEP7-Micro/WIN软件具有参数设置、编程、调试、运行和在线诊断等功能。编程软件可以用于带有集成式S7-200的数控系统，如SIEMENS SINUMERIK 802等。

S7-200的用户程序中所包括的逻辑运算指令、计数器、定时器、数学运算、智能模块通信等方面的指令，以及用来实现各种功能的所需的程序编辑工具，这些都集成在STEP7-Micro/WIN编程软件中。

通过软件可以进行程序编辑、状态监视以及强制改变输入、输出状态等操作，以满足PLC控制系统在编程、调试、运行和在线诊断等方面的需要。

STEP7-Micro/WIN软件可以使用SIMATIC与IEC 61131-3两种指令系统。其中，SIMATIC指令系统的功能较丰富，可以使用非IEC 61131-3标准指令以实现特殊的PLC功能。

当采用SIMATIC指令系统时，STEP7-Micro/WIN软件可以采用梯形图（软件中简称Ladder）、指令表（软件中简称STL）、逻辑功能块图（软件中简称FBD）三种方式进行编程与显示，三种方式可以相互转换。

当采用IEC 61131-3指令系统时，STEP7-Micro/WIN软件只能采用梯形图、逻辑功能块图进行编程，无法转换成指令表，同时，某些特殊的功能指令在采用IEC 61131-3指令系统时也无法正常使用。

即便采用SIMATIC指令系统，STEP7-Micro/WIN软件中所包括的全部指令，并非可以用于 S7-200 系列的全部 PLC，它与 PLC 的 CPU 模块的型号选择有关，某些功能指令只能在特定的 CPU 模块中使用。

对于以上两种情况，STEP7-Micro/WIN 软件可以根据所选择的指令系统与 CPU 模块的型号进行自动识别。对于无法使用的功能与指令，将在显示时以带有红色的“+”进行标记。

## 3.2 软件安装

**1. 软件配置要求**

STEP7-Micro/WIN 编程软件可以在个人计算机（PC）或西门子专用编程器（PG）上使用，软件运行的硬件要求如下：

CPU：PII 处理器，运算速度在 400MHz 以上。

内存要求：不低于 32MB。

硬盘空间要求：不低于 100MB。

操作系统：Windows95、Windows98、Windows ME、Windows2000、Windows XP 等系统。

**2. 软件安装**

将光盘插入光盘驱动器系统自动进入安装向导（或在光盘目录里双击 setup，进入安装向导），按照安装向导完成软件的安装。软件程序安装路径可使用默认子目录，也可以使用“浏览”按钮弹出的对话框中任意选择或新建一个新子目录。在安装过程中，会弹出相应的安装指示信息，可以选择安装目录、语言、PG/PC 接口参数设置对话框“Setting PG/PC Interface”等信息。可以通过“OK”“Next”等进行回答。

即使安装过程中出现选择错误，也无须重新启动安装过程，在安装软件完成后，还可以进行必要的调整。如通过在编程软件页面打开“Setting PG/PC Interface”选项，显示接口对话框，重新设置编程器与可编程控制器之间的通信连接方式，并改变通信连接。首次运行 STEP7-Micro/WIN32 软件时系统默认语言为英语，可根据需要修改编程语言。如将英语改为中文，其具体操作如下：运行 STEP7-Micro/WIN32 编程软件，在主界面执行菜单 Tools→Options→General 选项，然后在对话框中选择 Chinese 即可将 English 改为中文。

软件安装完成后，在计算机的“开始”菜单中选择“Simatic”子菜单，并选择“STEP7-MicroWIN32”选项，即可启动 STEP7-Micro/WIN。

## 3.3 硬件连接

为了实现 PLC 与计算机之间的通信，西门子公司为用户提供了两种硬件连接方式：一种是通过 PC/PPI 电缆直接连接，另一种是通过带有 MPI 电缆的通信处理器连接。

典型的单主机与 PLC 直接连接如图 3-1 所示，它不需要其他的硬件设备，方法是把 PC/PPI 电缆的 PC 端连接到计算机的 RS-232 通信口（一般是 COM1），把 PC/PPI 电缆的 PPI 端连接到 PLC 的 RS-485 通信口即可。

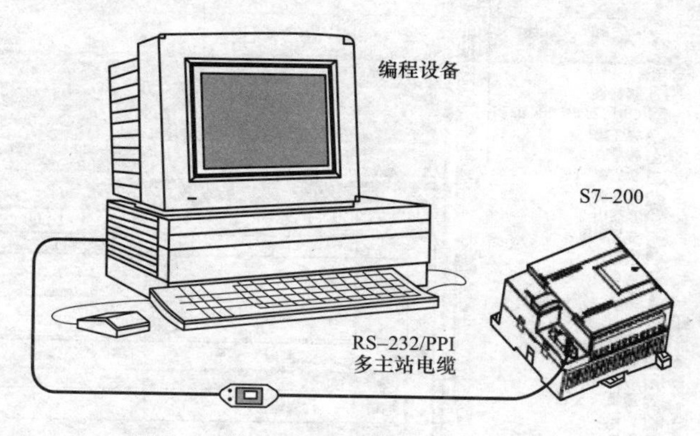


图 3-1　典型的单主机与 PLC 直接连接

## 3.4　开发环境介绍

STEP7-Micro/WIN32 的基本功能是协助用户完成应用程序的开发，同时它具有设置 PLC 参数、加密和运行监视等功能。编程软件在联机工作方式（PLC 与计算机相连）可以实现用户程序的输入、编辑、上载、下载运行，通信测试及实时监视等功能。在离线条件下，也可以实现用户程序的输入、编辑、编译等功能。

### 3.4.1　主界面

启动 STEP7-Micro/WIN32 编程软件，其主要界面外观如图 3-2 所示。

主界面一般可分为以下 6 个区域：菜单栏（包含 8 个主菜单项）、工具栏（快捷按钮）、浏览栏（快捷操作窗口）、指令树（快捷操作窗口）、输出窗口和用户窗口（可同时或分别打开图 3-2 中的 5 个用户窗口）。除菜单栏外，用户可根据需要决定其他窗口的取舍和样式的设置。

### 3.4.2　菜单栏

菜单栏包括 8 个主菜单选项，菜单栏各选项如图 3-3 所示。

为了便于读者充分了解编程软件功能，更好完成用户程序开发任务，下面介绍编程软件主界面各主菜单的功能及其选项内容：

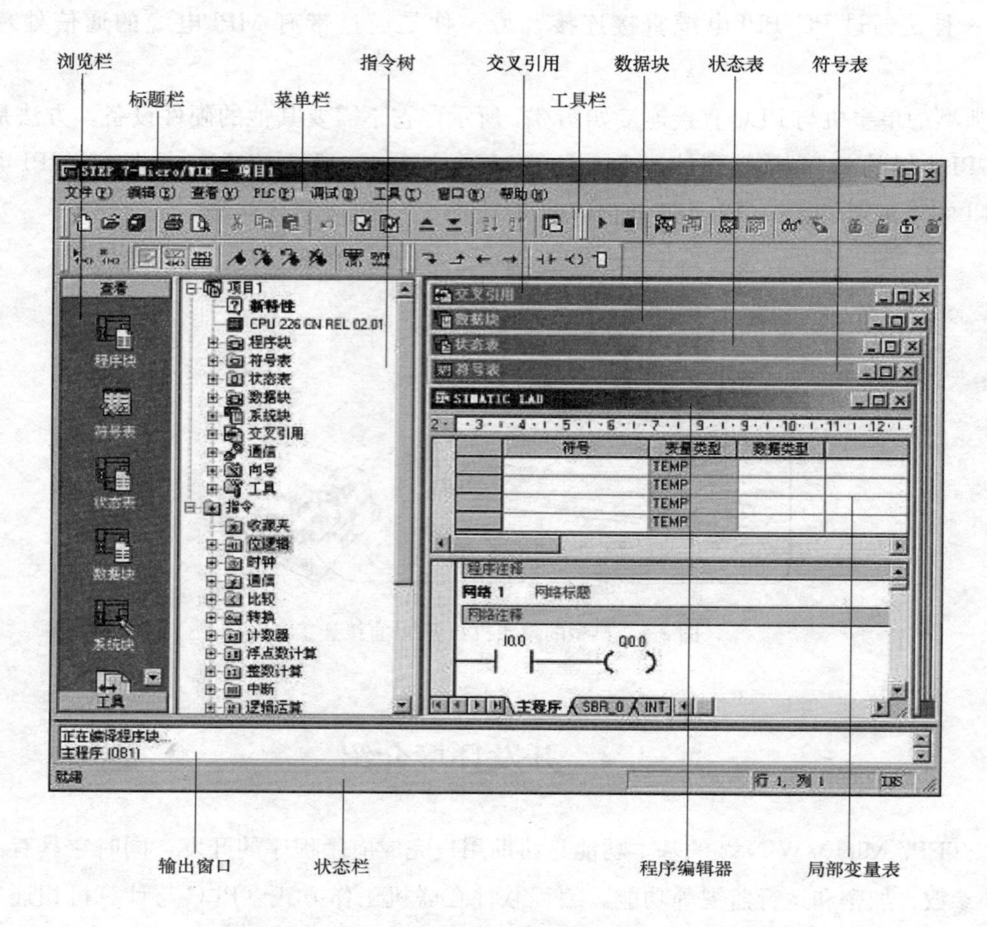


图 3-2　STEP7-Micro/WIN32 编程软件的主界面

文件(F)　编辑(E)　查看(V)　PLC(P)　调试(D)　工具(T)　窗口(W)　帮助(H)

图 3-3　菜单栏

（1）文件：文件菜单可以实现对文件的操作。【文件】菜单及其选项如图 3-4 所示。

（2）编辑：编辑菜单提供程序的编辑工具。【编辑】菜单及其选项如图 3-5 所示。

（3）查看：查看菜单可以设置软件开发环境的风格。【查看】菜单及其选项如图 3-6 所示。

（4）PLC：PLC 菜单可建立与 PLC 联机时的相关操作，也可提供离线编译的功能。【PLC】菜单及其选项如图 3-7 所示。

（5）调试：调试菜单用于联机时的动态调试。【调试】菜单及其选项如图 3-8 所示。

（6）工具：工具菜单提供复杂指令向导，使复杂指令编程时的工作简化，同时提供文本显示器 TD200 设置向导。另外，工具菜单的定制子菜单可以更改 STEP 7-Micro/

WIN 32 工具条的外观或内容，以及在工具菜单中增加常用工具，工具菜单的选项可以设置 3 种编辑器的风格，如字体、指令盒的大小等样式。【工具】菜单及其选项如图 3-9 所示。

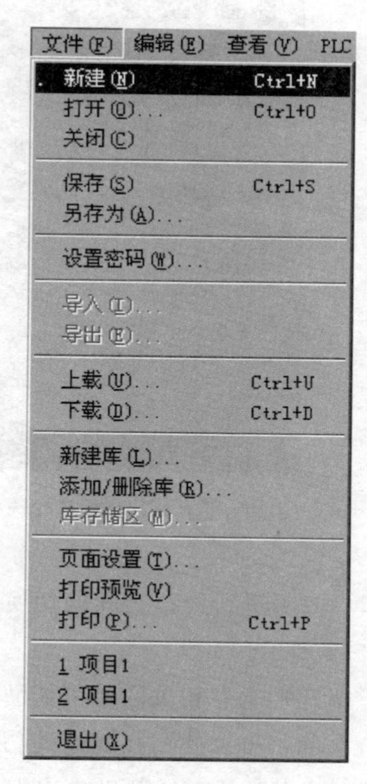


图 3-4 【文件】菜单及其选项

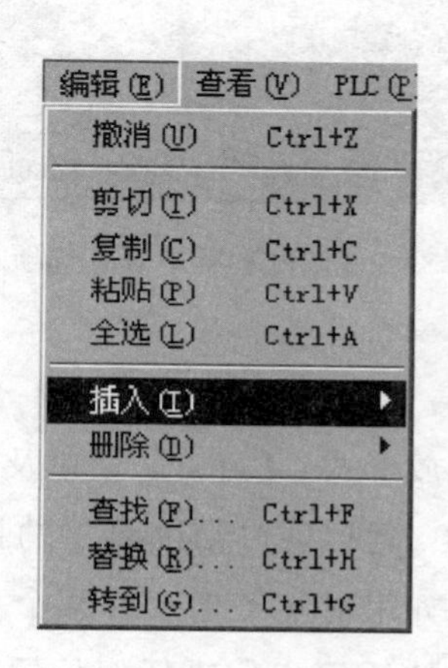


图 3-5 【编辑】菜单及其选项

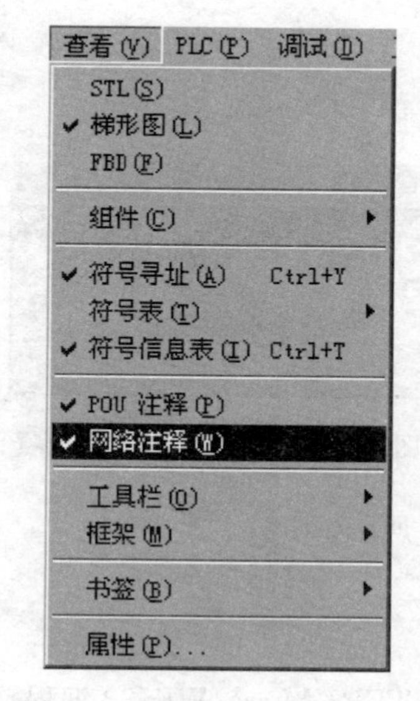


图 3-6 【查看】菜单及其选项

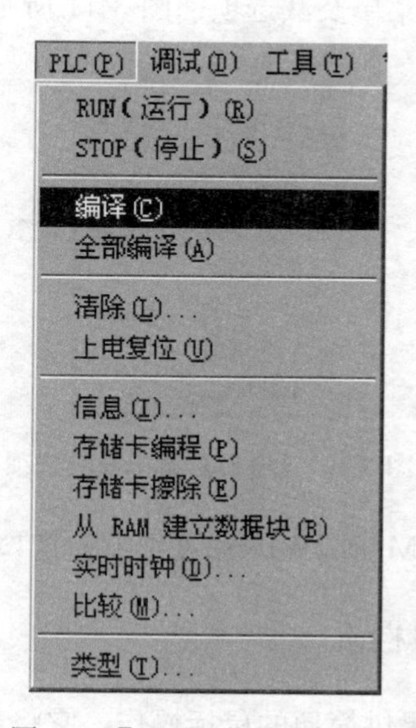


图 3-7 【PLC】菜单及其选项

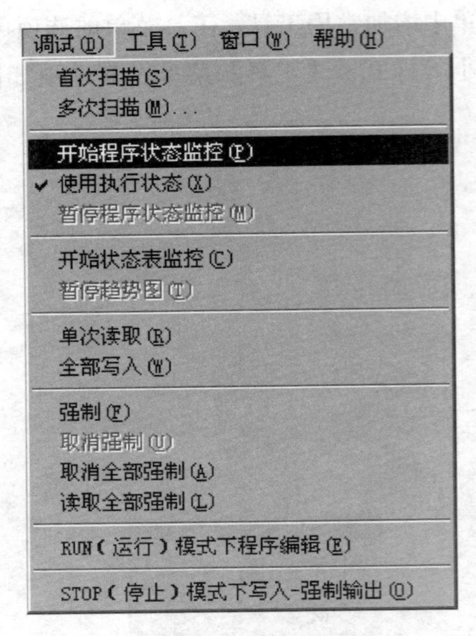


图 3-8 【调试】菜单及其选项

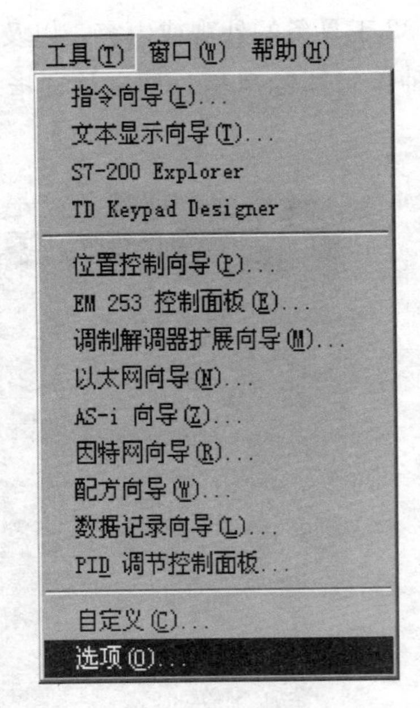


图 3-9 【工具】菜单及其选项

（7）窗口：窗口菜单可以打开一个或多个窗口，并可进行窗口之间的切换；还可以设置窗口的排放形式。【窗口】菜单及其选项如图 3-10 所示。

（8）帮助：可以通过帮助菜单的目录和索引了解几乎所有相关的使用帮助信息。在编程过程中，如果对某条指令或某个功能的使用有疑问，可以使用在线帮助功能，在软件操作过程中的任何步骤或任何位置，都可以按 F1 键来显示在线帮助，大大方便了用户。【帮助】菜单及其选项如图 3-11 所示。

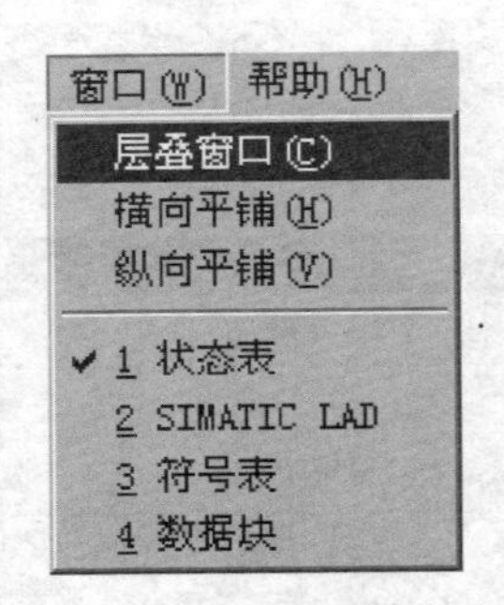


图 3-10 【窗口】菜单及其选项

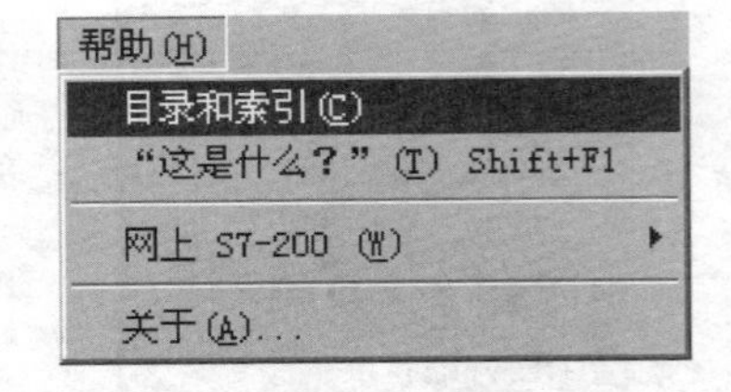


图 3-11 【帮助】菜单及其选项

STEP7-Micro/WIN32【帮助】窗口如图 3-12 所示。

### 3.4.3 工具栏

工具栏提供简便的鼠标操作，它将最常用的 STEP7-Micro/WIN32 编程软件操作以按钮形式设定到工具栏。可执行菜单【查看】→【工具栏】选项，实现显示或隐藏标准、

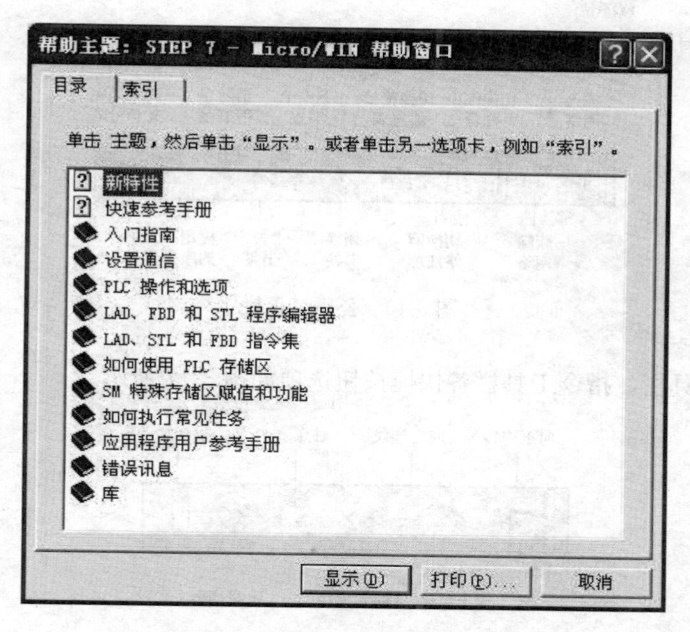


图 3-12　STEP7-Micro/WIN32【帮助】窗口

调试、公用和指令工具栏。工具栏其选项如图 3-13 所示。

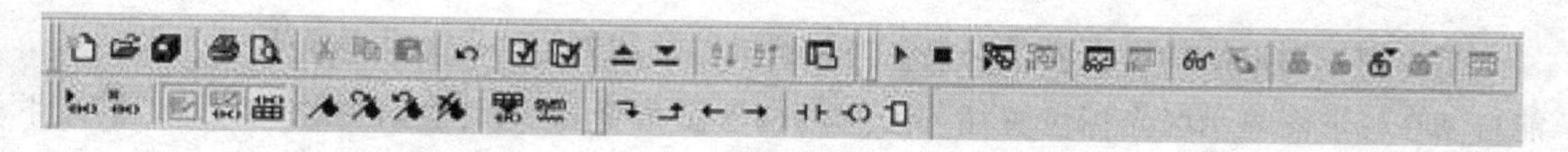

图 3-13　工具栏

工具栏可划分为 4 个区域，下面按区域介绍各按钮选项的操作功能。

（1）标准工具栏。标准工具栏各快捷按钮选项如图 3-14 所示。

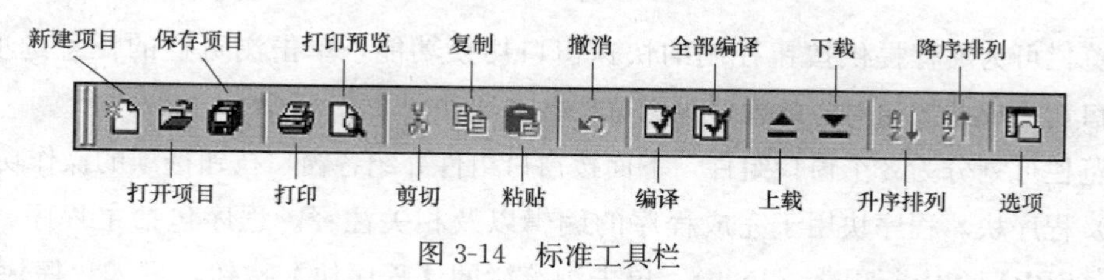


图 3-14　标准工具栏

（2）调试工具栏。调试工具栏各快捷按钮选项如图 3-15 所示。

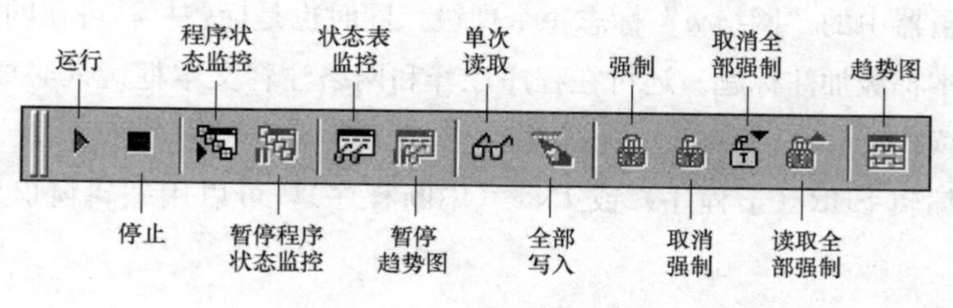


图 3-15　调试工具栏

（3）公用工具栏。公用工具栏各快捷按钮选项如图 3-16 所示。

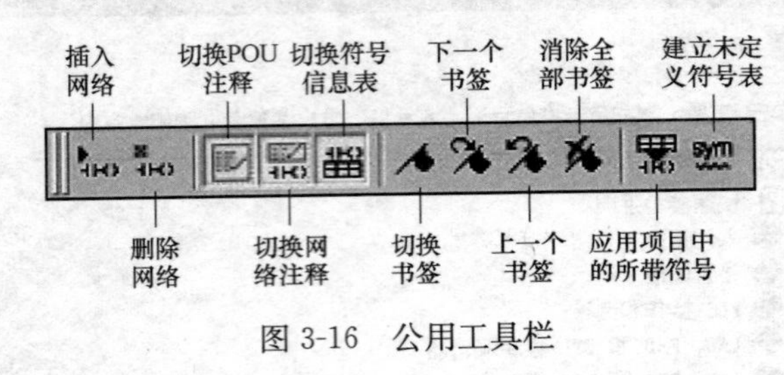


图 3-16　公用工具栏

（4）指令工具栏。指令工具栏各快捷按钮选项如图 3-17 所示。

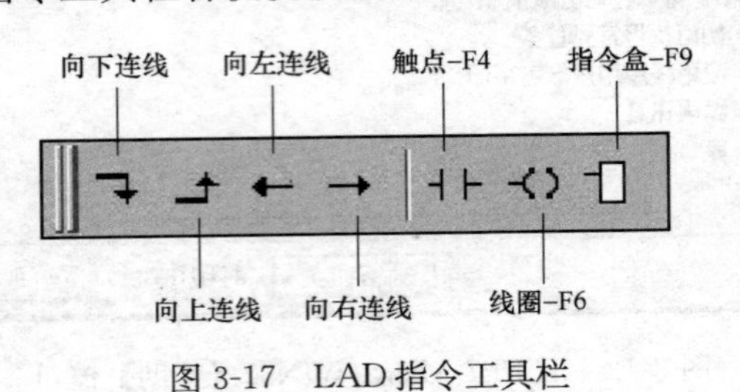


图 3-17　LAD 指令工具栏

### 3.4.4　指令树

指令树以树形结构提供项目对象和当前编辑器的所有指令。双击指令树中的指令符，能自动在梯形图显示区光标位置插入所选的梯形图指令。项目对象的操作可以双击项目选项文件夹，然后双击打开需要的配置页。指令树可用执行菜单【查看】→【指令树】选项来选择是否打开。指令树各选项如图 3-18 所示。

### 3.4.5　浏览栏

浏览栏可为编程提供按钮控制的快速窗口切换功能，单击浏览栏的任意选项按钮，则主窗口切换成此按钮对应的窗口。浏览栏各选项如图 3-19 所示。

浏览栏可划分为 8 个窗口组件，下面按窗口组件介绍各窗口按钮选项的操作功能。

（1）程序块。程序块用于完成程序的编辑以及相关注释。程序包括主程序（OBI）、子程序（SBR）和中断程序（INT）。单击浏览栏的【程序块】按钮，进入程序块编辑窗口。【程序块】编辑窗口如图 3-20 所示。

梯形图编辑器中的“网络 $n$”标志每个梯级，同时也是标题栏，可在网络标题文本框键入标题，为本梯级加注标题。还可在程序注释和网络注释文本框键入必要的注释说明，使程序清晰易读。

如果需要编辑 SBR（子程序）或 INT（中断程序），可以用编辑窗口底部的选项卡切换。

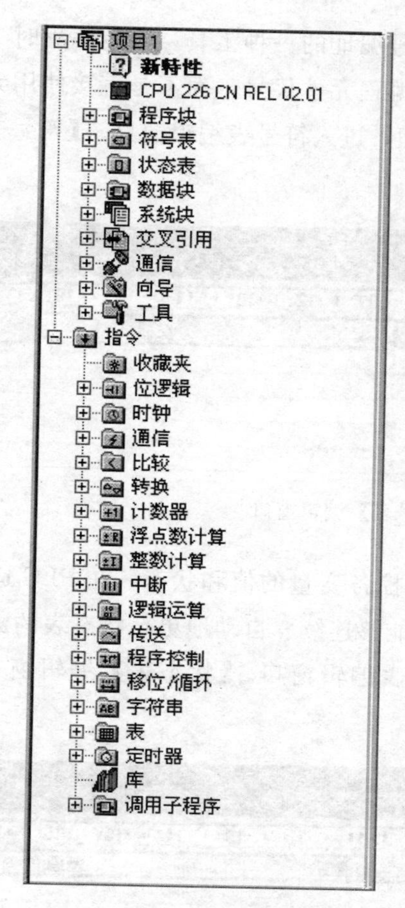


图 3-18　指令树及其选项

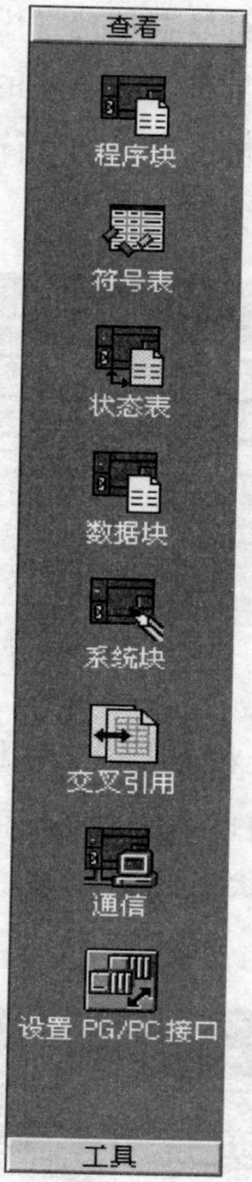

图 3-19　浏览栏及其选项

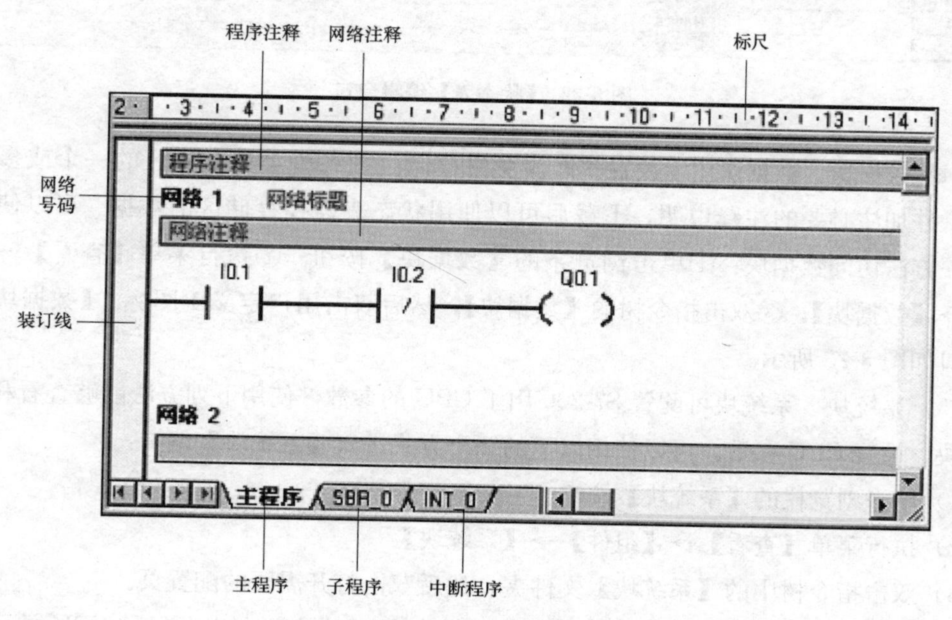


图 3-20　【程序块】编辑窗口

（2）符号表。符号表是允许用户使用符号编址的一种工具。实际编程时为了增加程序的可读性，可用带有实际含义的符号作为编程元件代号，而不是直接使用元件在主机中的直接地址。单击浏览栏的【符号表】按钮，进入符号表编辑窗口。【符号表】编辑窗口如图 3-21 所示。

符号表

| | | | 符号 | 地址 | 注释 |
|---|---|---|---|---|---|
| 1 | | | | | |
| 2 | | | | | |
| 3 | | | | | |
| 4 | | | | | |
| 5 | | | | | |

图 3-21 【符号表】编辑窗口

（3）状态表。状态表用于联机调试时监控各变量的值和状态。在 PLC 运行方式下，可以打开状态表窗口，在程序扫描执行时，能够连续、自动地更新状态表的数值和状态。单击浏览栏的【状态表】按钮，进入状态表编辑窗口。【状态表】编辑窗口如图 3-22 所示。

状态表

| | 地址 | 格式 | 当前值 | 新值 |
|---|---|---|---|---|
| 1 | | 有符号 | | |
| 2 | | 有符号 | | |
| 3 | | 有符号 | | |
| 4 | | 有符号 | | |
| 5 | | 有符号 | | |

图 3-22 【状态表】编辑窗口

（4）数据块。数据块用于设置和修改变量存储区内各种类型存储区的一个或多个变量值，并加注必要的注释说明，下载后可以使用状态表监控存储区的数据。可以使用下列之一方法访问数据块：①单击浏览条的【数据块】按钮。②执行菜单【查看】→【组件】→【数据块】。③双击指令树的【数据块】，然后双击用户定义 1 图标。【数据块】编辑窗口如图 3-23 所示。

（5）系统块。系统块可配置 S7-200 用于 CPU 的参数，使用下列方法能够查看和编辑系统块，设置 CPU 参数。可以使用以下的一个方式进入【系统块】编辑：

1）单击浏览栏的【系统块】按钮。

2）执行菜单【查看】→【组件】→【系统块】。

3）双击指令树中的【系统块】文件夹，然后双击打开需要的配置页。

系统块的信息需下载到 PLC，为 PLC 提供新的系统配置。当项目的 CPU 类型和版

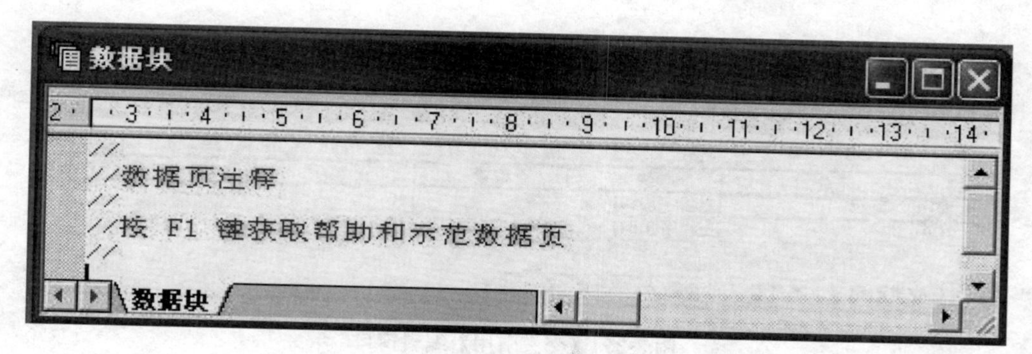


图 3-23　【数据块】编辑窗口

本能够支持特定选项时，这些系统块配置选项将被启用。【系统块】编辑窗口如图 3-24 所示。

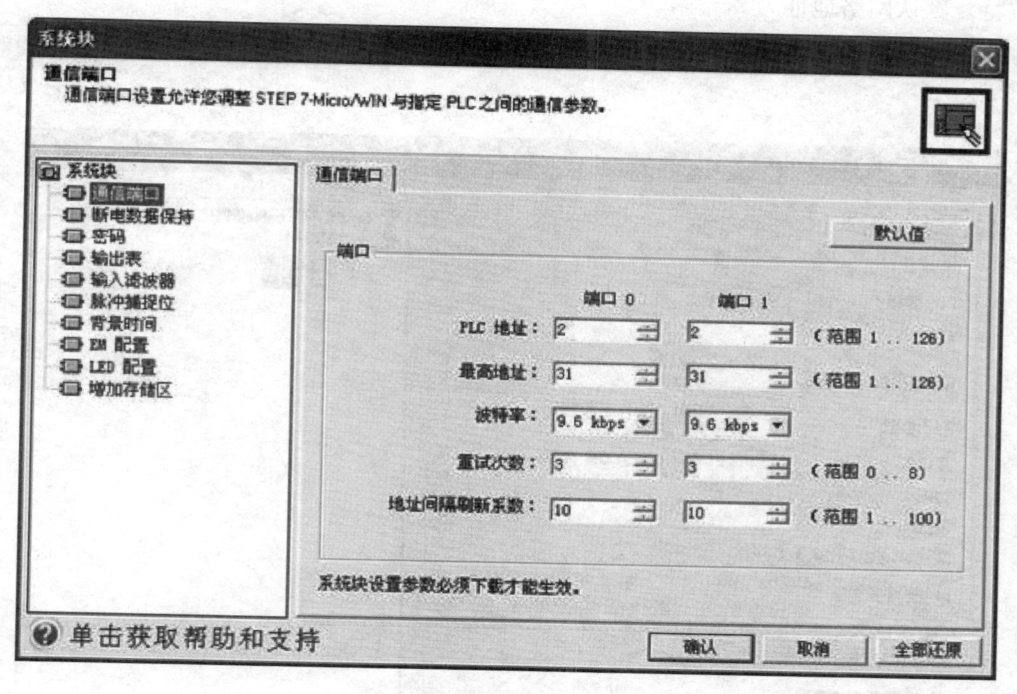


图 3-24　【系统块】编辑窗口

（6）交叉引用。交叉引用提供用户程序所用的 PLC 信息资源，包括 3 个方面的引用信息，即交叉引用信息、字节使用情况信息和位使用情况信息，使编程所用的 PLC 资源一目了然。交叉引用及用法信息不会下载到 PLC。单击浏览栏【交叉引用】按钮，进入交叉引用编辑窗口。【交叉引用】编辑窗口如图 3-25 所示。

（7）通信。网络地址是用户为网络上每台设备指定的一个独特号码。该独特的网络地址确保将数据传送至正确的设备，并从正确的设备检索数据。S7-200 支持 0～126 的网络地址。

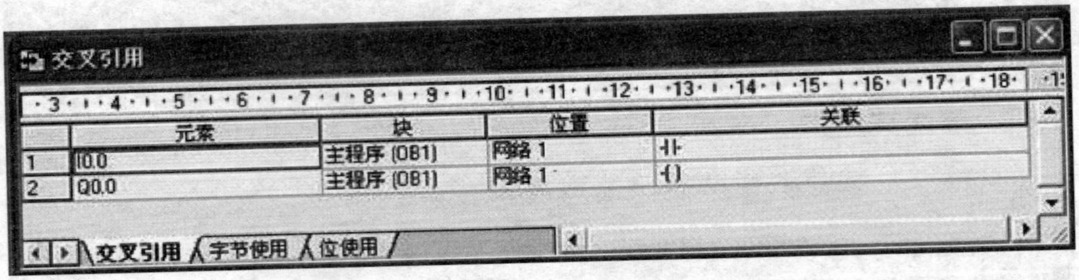

图 3-25 【交叉引用】编辑窗口

数据在网络中的传送速度称为波特率，通常以千波特（kbaud）、兆波特（Mbaud）为单位。波特率测量在某一特定时间内传送的数据量。S7-200CPU 的默认波特率为 9.6 千波特，默认网络地址为 2。

单击浏览栏的【通信】按钮，进入通信设置窗口。【通信】设置窗口如图 3-26 所示。

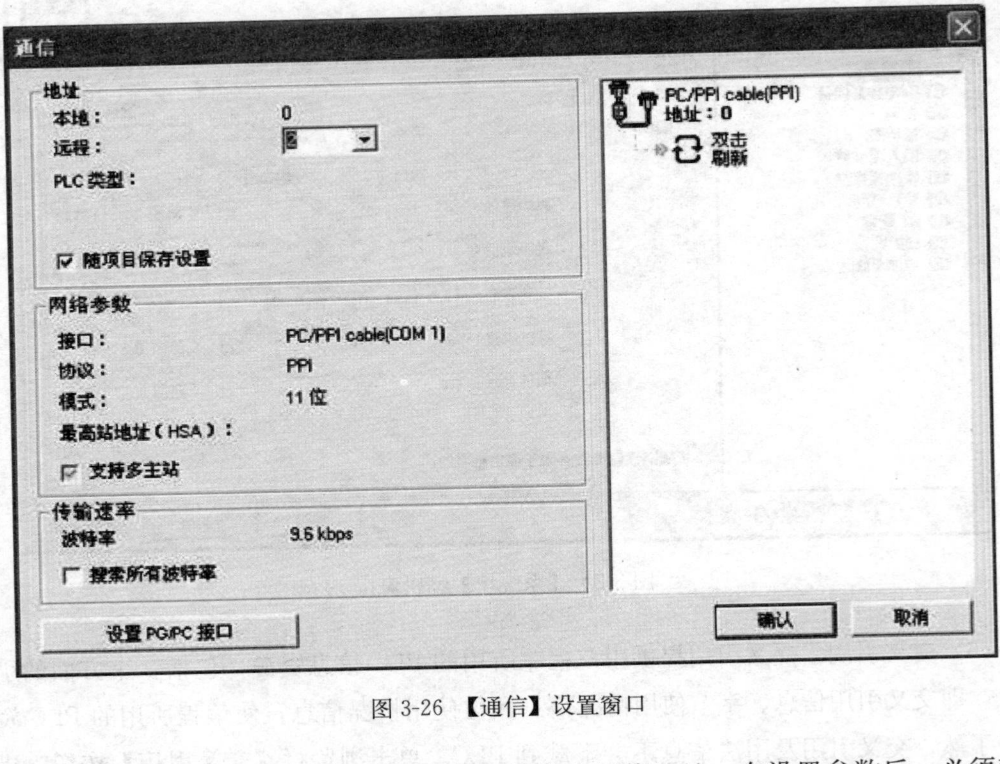

图 3-26 【通信】设置窗口

如果需要为 STEP 7-Micro/WIN 配置波特率和网络地址，在设置参数后，必须双击图标，刷新通信设置，这时可以看到 CPU 的型号和网络地址 2，说明通信正常。

（8）设置 PG/PC。单击浏览栏的【设置 PG/PC 接口】按钮，进入 PG/PC 接口参数设置窗口，【设置 PG/PC 接口】窗口如图 3-27 所示。单击【Properties】按钮，可以配置地址及通信速率。

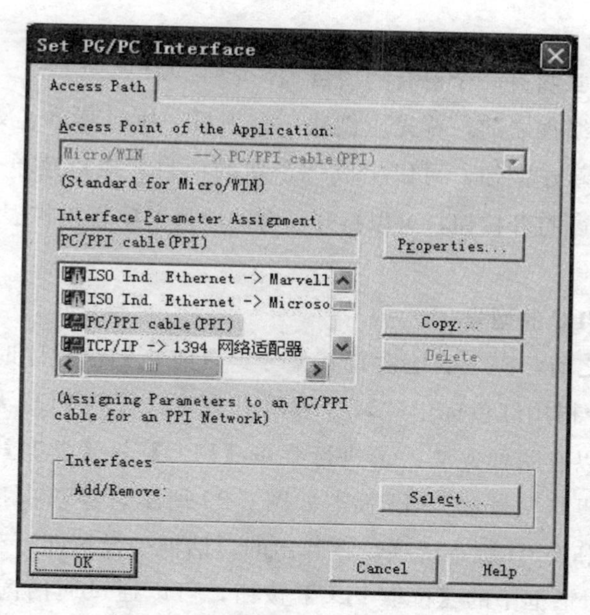


图 3-27　【设置 PG/PC 接口】窗口

## 3.5　编程软件的使用

STEP7—Micro/WIN3.2 编程软件具有编程和程序调试等多种功能，下面通过一个简单程序示例，介绍编程软件的基本使用。

STEP7—Micro/WIN3.2 编程软件的基本使用示例如图 3-28 所示。

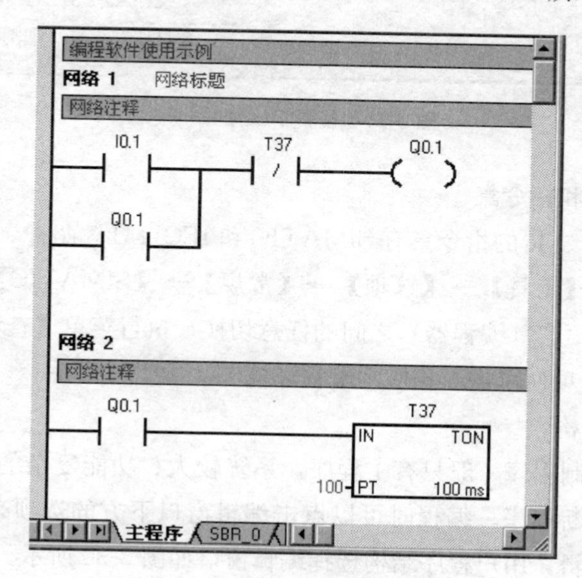


图 3-28　编程软件使用示例的梯形图

### 3.5.1 编程的准备

**1. 创建一个项目或打开一个已有的项目**

在进行控制程序编程之前，首先应创建一个项目。执行菜单【文件】→【新建】选项或单击工具栏的新建按钮，可以生成一个新的项目。执行菜单【文件】→【打开】选项或单击工具栏的打开按钮，可以打开已有的项目。项目以扩展名为 . mwp 的文件格式保存。

**2. 设置与读取 PLC 的型号**

在对 PLC 编程之前，应正确地设置其型号，以防止创建程序时发生编辑错误。如果指定了型号，指令树用红色标记“✕”表示对当前选择的 PLC 无效的指令。设置与读取 PLC 的型号可以有两种方法：①执行菜单【PLC】→【类型】选项，在出现的对话框中，可以选择 PLC 型号和 CPU 版本如图 3-29 所示。②双击指令树的【项目 1】，然后双击 PLC 型号和 CPU 版本选项，在弹出的对话框中设置即可。如果已经成功地建立通信连接，单击对话框中的【读取 PLC】按钮，可以通过通信读出 PLC 的信号与硬件版本号。

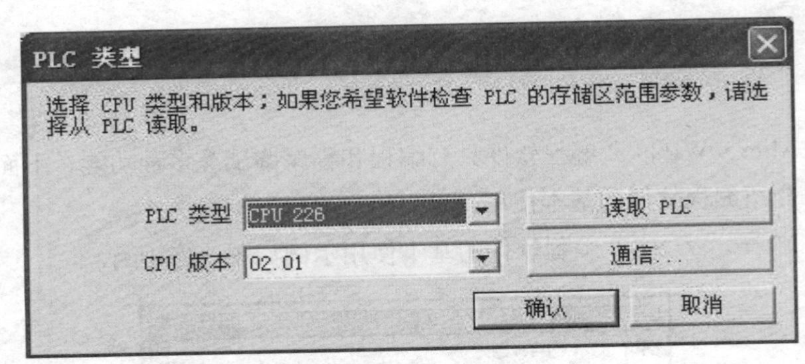


图 3-29 设置 PLC 的型号

**3. 选择编程语言和指令集**

S7-200 系列 PLC 支持的指令集有 SIMATIC 和 IEC1131-3 两种。SIMATIC 编程模式选择，可以执行菜单【工具】→【选项】→【常规】→【SIMATIC】选项来确定。编程软件可实现 3 种编程语言（编程器）之间的任意切换，执行菜单【查看】→【梯形图】或【STL】或【FBD】选项便可进入相应的编程环境。

**4. 确定程序的结构**

简单的数字量控制程序一般只有主程序，系统较大、功能复杂的程序除了主程序外，可能还有子程序、中断程序。编程时可以点击编辑窗口下方的选项来实现切换以完成不同程序结构的程序编辑。用户程序结构选择编辑窗口如图 3-30 所示。

主程序在每个扫描周期内均被顺序执行一次。子程序的指令放在独立的程序块中，

图 3-30　用户程序结构选择编辑窗口

仅在被程序调用时才执行。中断程序的指令也放在独立的程序块中，用来处理预先规定的中断事件，在中断事件发生时操作系统调用中断程序。

### 3.5.2　编写用户程序

#### 1. 梯形图的编辑

在梯形图编辑窗口中，梯形图程序被划分成若干个网络，一个网络中只能有一个独立的电路块。如果一个网络中有两个独立的电路块，在编译时输出窗口将显示“1 个错误”，待错误修正后方可继续。可以对网络中的程序或者某个编程元件进行编辑，执行删除、复制或粘贴操作。编辑梯形图的具体步骤如下：

（1）首先打开 STEP7—Micro/WIN3.2 编程软件，进入主界面，STEP7—Micro/WIN3.2 编程软件主界面如图 3-31 所示。

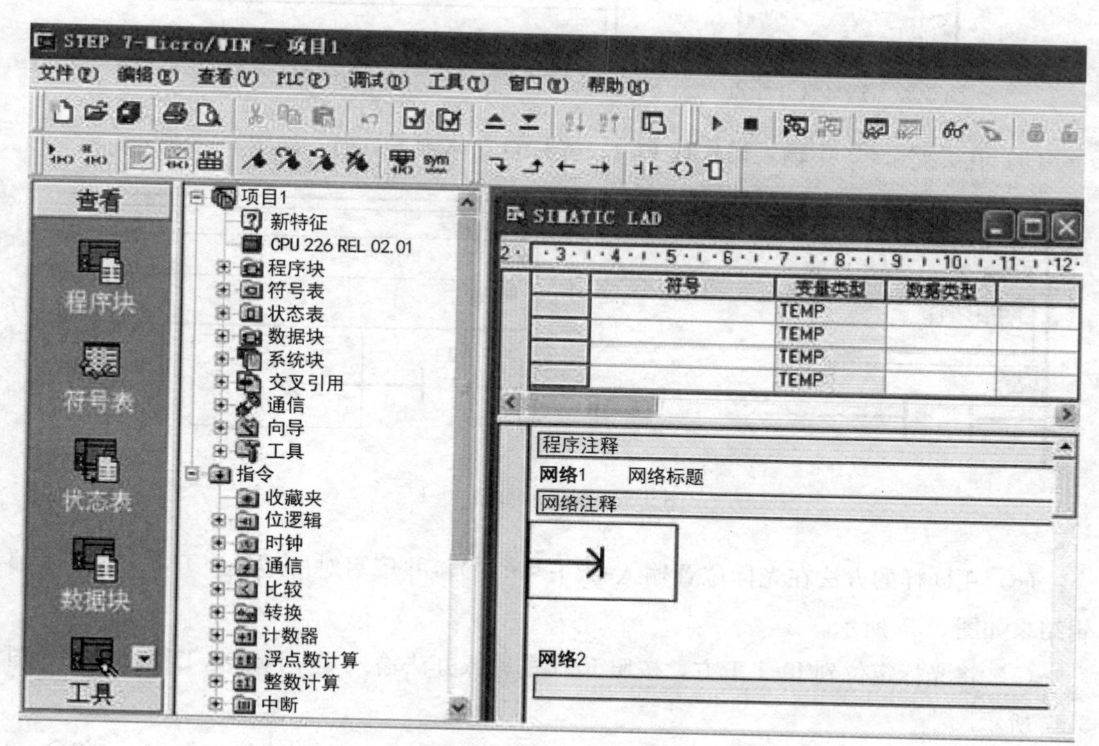


图 3-31　STEP7—Micro/WIN3.2 编程软件主界面

（2）单击浏览栏的【程序块】按钮，进入梯形图编辑窗口。

（3）在编辑窗口中，把光标定位到将要输入编程元件的地方。

（4）可直接在指令工具栏中点击常开触点按钮，选取触点如图 3-32 所示。在打开的位逻辑指令中单击┤├图标选项，选择常开触点，如图 3-33 所示。输入的常开触点符号会自动写入到光标所在位置。输入常开触点，如图 3-34 所示。也可以在指令树中双击位逻辑选项，然后双击常开触点输入。

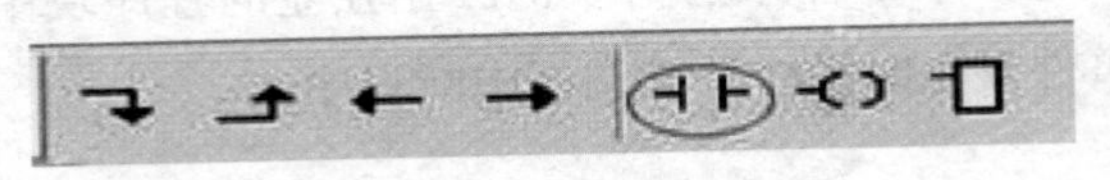

图 3-32　选取触点

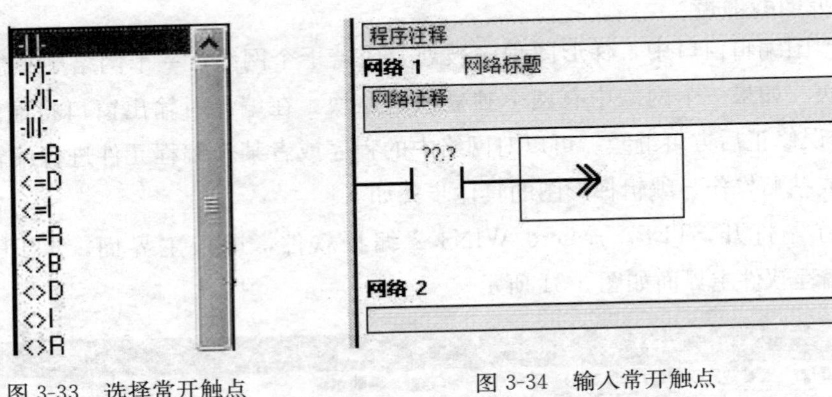


图 3-33　选择常开触点　　图 3-34　输入常开触点

（5）在“?? .?”中输入操作数 I0.1，光标自动移到下一列，如图 3-35 所示。

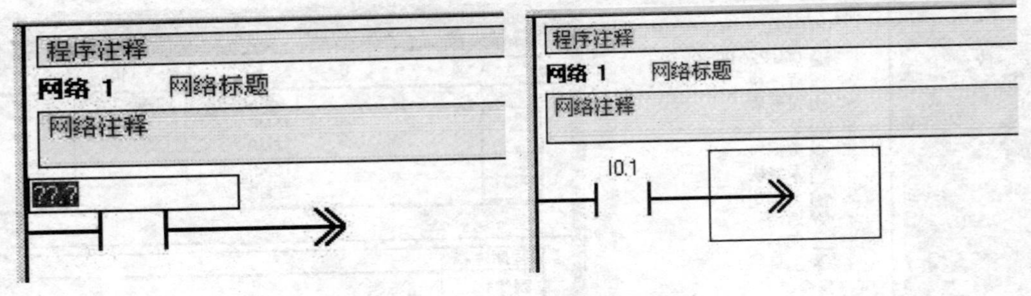


图 3-35　输入操作数 I0.1

（6）用同样的方法在光标位置输入┤/├和（　），并填写对应地址，T37 和 Q0.1 编辑结果如图 3-36 所示。

（7）将光标定位到 I0.1 下方，按照 I0.1 的输入办法输入 Q0.1。Q0.1 编辑结果如图 3-37 所示。

（8）将光标移到要合并的触点处，单击指令工具栏中的向上连线按钮，将 Q0.0 和 I0.0 并联连接，如图 3-38 所示。

（9）将光标定位到网络 2，按照 I0.1 的输入办法编写 Q0.1。

（10）将光标定位到定时器输入位置，双击指令树的【定时器】选项，然后双击接通

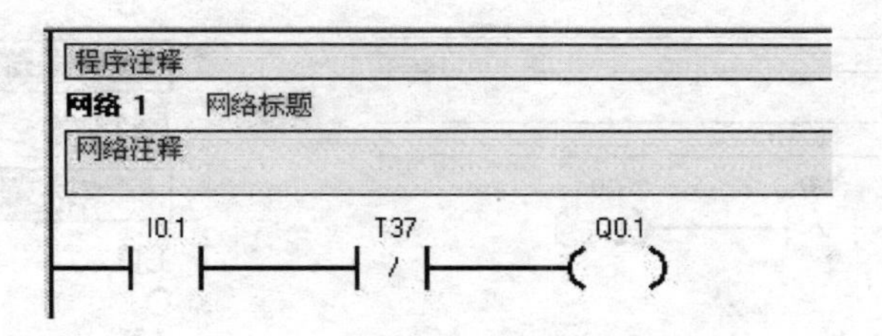

图 3-36　T37 和 Q0.1 编辑结果

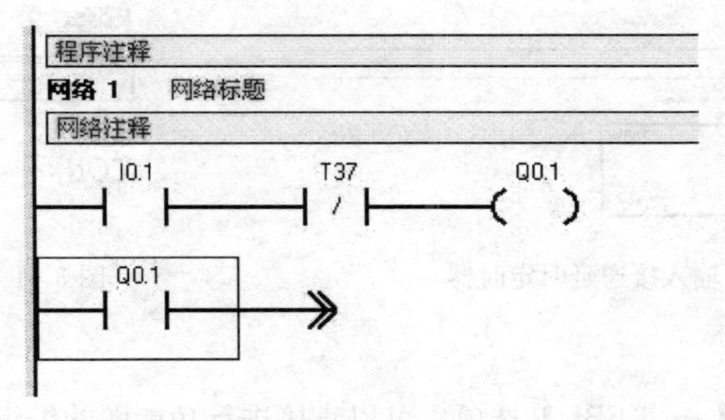

图 3-37　Q0.1 编辑结果

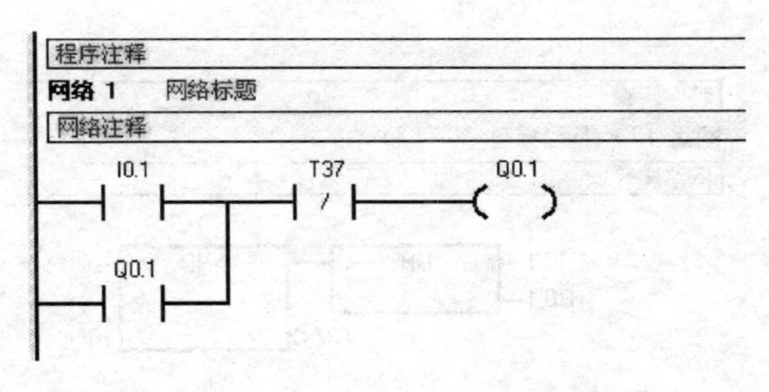

图 3-38　Q0.0 和 I0.0 并联连接

延时定时器图标，在光标位置即可输入接通延时定时器。选择定时器图标如图 3-39 所示。

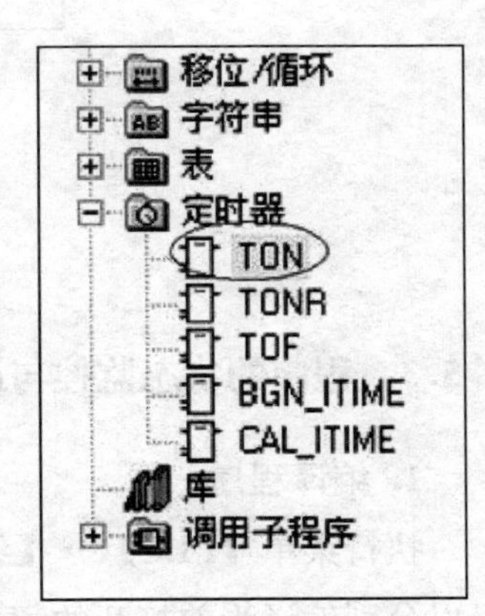

图 3-39　选择定时器

（11）在定时器指令上面输入定时器编号 T37，在左侧输入定时器的预置值 100，编辑结果如图 3-40 所示。

经过上述操作过程，编程软件使用示例的梯形图就编辑完成了。如果需要进行语句表和功能图编辑，可按下面办法来实现。

**2. 语句表的编辑**

执行菜单【查看】→【STL】选项，可以直接进行语句表的编辑。语句表的编辑如图 3-41 所示。

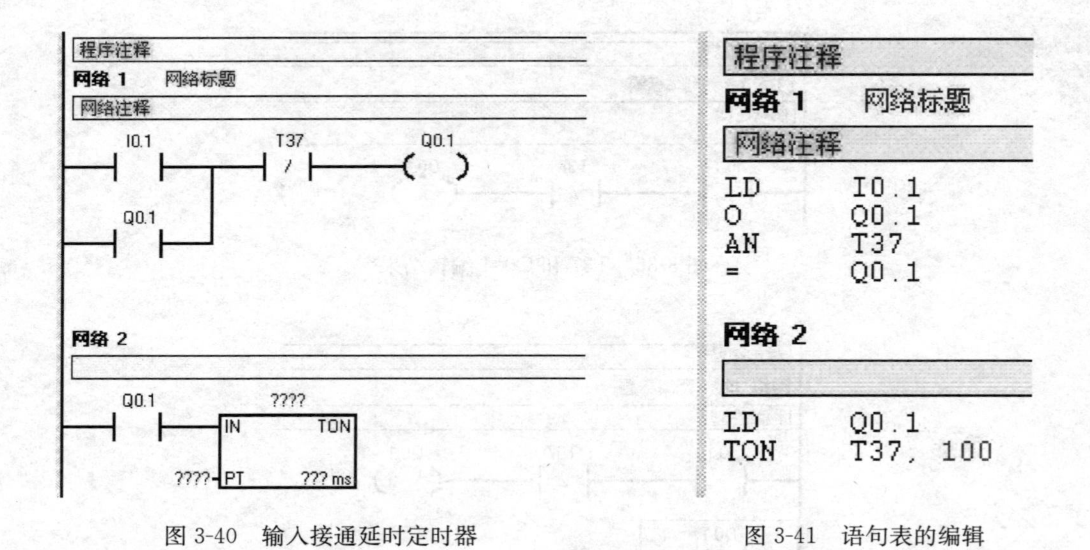


图 3-40 输入接通延时定时器　　　　图 3-41 语句表的编辑

**3. 功能图的编辑**

执行菜单【查看】→【FBD】选项，可以直接进行功能图的编辑。功能图的编辑如图 3-42 所示。

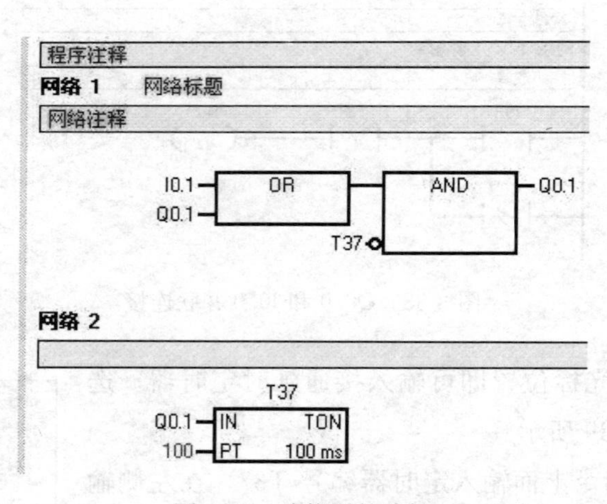


图 3-42 功能图的编辑

## 3.5.3 程序的状态监控与调试

**1. 编译程序**

执行菜单【PLC】→【编译】或【全部编译】选项，或单击工具栏的☑或☑按钮，可以分别编译当前打开的程序或全部程序。编译后在输出窗口中显示程序编译结果，必须在修正程序中的所有错误编译无错误后，才能下载程序。若没有对程序进行编译，在下载之前编程软件会自动对程序进行编译。

**2. 下载与上载程序**

下载是将当前编程器中的程序写入到 PLC 的存储器中。计算机与 PLC 建立其通信连接正常，并且用户程序编译无错误后，可以将程序下载到 PLC 中。下载操作可执行菜单【文件】→【下载】选项，或点击工具栏按钮。

上载是将 PLC 中未加密的程序向上传送到编程器中。上载操作可执行菜单【文件】→【上载】选项，或点击工具栏≜按钮。

**3. PLC 的工作方式**

PLC 有两种工作方式，即运行和停止工作方式。在不同的工作方式下，PLC 进行调试的操作方法不同。可以通过执行菜单栏【PLC】→【运行】或【停止】的选项来选择工作方式，也可以在 PLC 的工作方式开关处操作来选择。PLC 只有处在运行工作方式下，才可以启动程序的状态监控。

**4. 程序运行与调试**

程序的调试及运行监控是程序开发的重要环节，很少有程序一经编制就是完整的，只有经过调试运行甚至现场运行后才能发现程序中不合理的地方，从而进行修改。STEP7—Micro/WIN3.2 编程软件提供了一系列工具，可使用户直接在软件环境下调试并监视用户程序的执行。

（1）程序的运行。单击工具栏的▶按钮，或执行菜单【PLC】→【运行】选项，在对话框中确定进入运行模式，这时黄色 STOP（停止）状态指示灯灭，绿色 RUN（运行）灯点亮。

（2）程序的调试。在程序调试中，经常采用程序状态监控、状态表监控和趋势图监控三种监控方式反映程序的运行状态。下面结合示例介绍基本使用情况。

1）程序状态监控。单击工具栏中的按钮，或执行菜单【调试】→【开始程序状态监控】选项，进入程序状态监控。启动程序运行状态监控后：① 当 I0.1 触点断开时，编程软件使用示例的程序状态如图 3-43 所示。② 当 I0.1 触点接通瞬间，编程软件使用示例的程序状态如图 3-44 所示。③ 当定时器延时时间 10S 后，编程软件使用示例的程序状态如图 3-45 所示。在监控状态下，“能流”通过的元件将显示蓝色，通过施加输入，可以模拟程序实际运行，从而检验我们的程序。梯形图中的每个元件的实际状态也都显示出来，这些状态是 PLC 在扫描周期完成时的结果。

2）状态表监控。可以使用状态表来监控用户程序，还可以采用强制表操作修改用户程序的变量。编程软件使用示例的状态表监控如图 3-46 所示，当前值栏目中显示了各元件的状态和数值大小。可以选择下面办法之一来进行状态表监控：

①执行菜单【查看】→【组件】→【状态表】。

②单击浏览栏的【状态表】按钮。

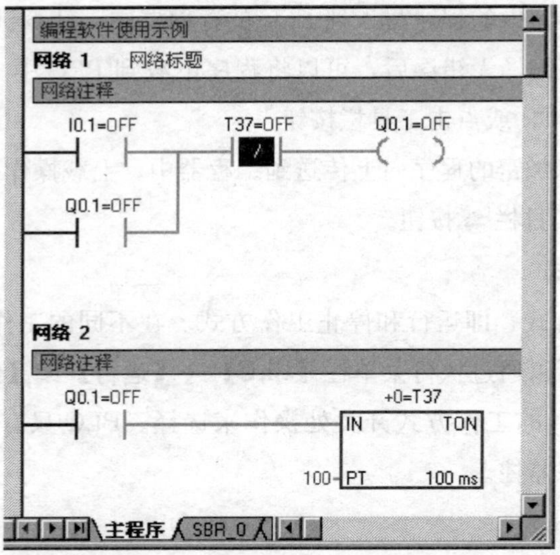

编程软件使用示例
网络 1 网络标题
网络注释
I0.1=OFF
T37=OFF
Q0.1=OFF
Q0.1=OFF
网络 2
网络注释
Q0.1=OFF
+0=T37
IN
TON
100-PT
100 ms
主程序
SBR_0

图 3-43　I0.1 触点断开时，编程软件使用示例的程序状态

程序注释
网络 1 网络标题
网络注释
I0.1=OFF
T37=OFF
Q0.1=ON
Q0.1=ON
网络 2
Q0.1=ON
+52=T37
IN
TON
100-PT
100 ms
主程序
SBR_0

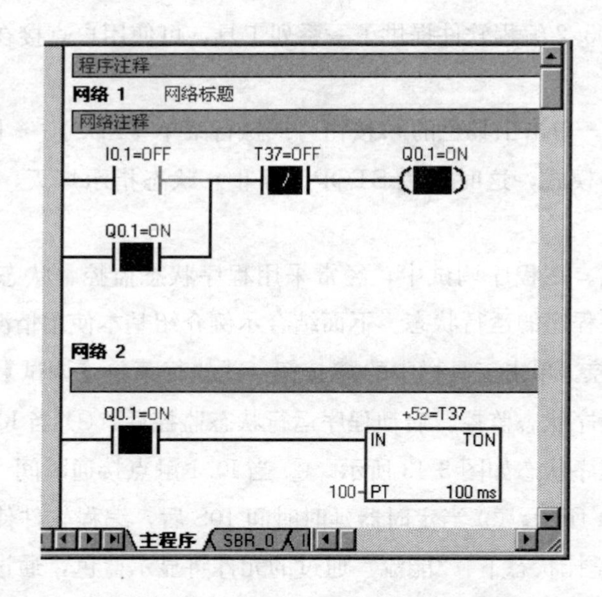

图 3-44　I0.1 触点接通瞬时，编程软件使用示例的程序状态

③单击装订线，选择程序段，单击鼠标右键，选择【创建状态图】命令，能快速生成一个包含所选程序段内各元件的新的表格。

3）趋势图监控。趋势图监控是采用编程元件的状态和数值大小随时间变化关系的图形监控。单击工具栏的▣按钮，可将状态表监控切换为趋势图监控。

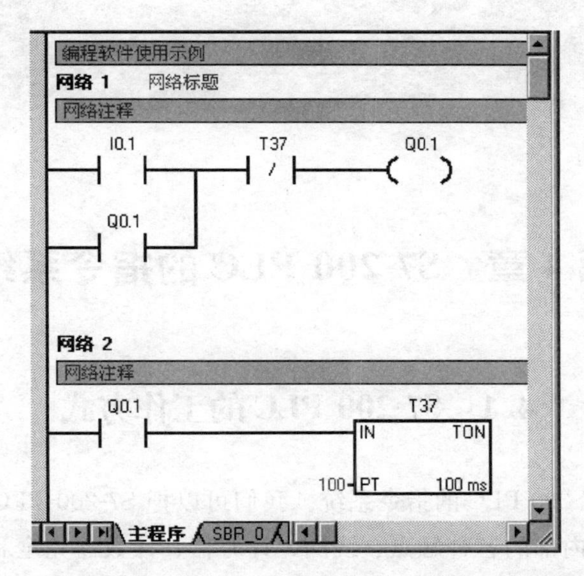


图 3-45　定时器延时时间 10S 后，编程软件使用示例的程序状态

| | 地址 | 格式 | 当前值 | 新值 |
|---|---|---|---|---|
| 1 | I0.1 | 位 | 2#0 | |
| 2 | Q0.1 | 位 | 2#1 | |
| 3 | T37 | 位 | 2#0 | |
| 4 | T37 | 有符号 | +51 | |

图 3-46　编程软件使用示例的状态表监控

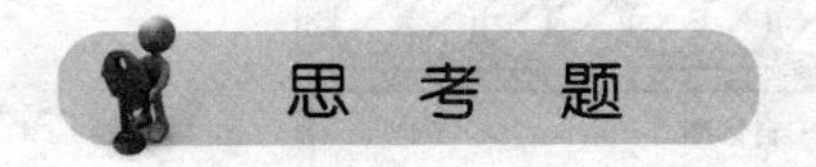

## 思　考　题

1. STEP7-Micro 软件主要包括哪些窗口组件？各有什么作用？
2. 使用 STEP7-Micro 软件创建一个最简单的梯形图，并把它转换成其他语言。
3. 在 STEP7-Micro 软件中怎样监控变量？
4. 在 STEP7-Micro 软件中怎样更换、加入、删除元器件？

# 第4章　S7-200 PLC的指令系统

## 4.1　S7-200 PLC的工作方式

本章主要介绍S7-200 PLC的指令系统。我们可以把S7-200 PLC当成一个能按照程序运行的机器，而它内部的各种触点、线圈、计时器、计数器完全和以前接触过的继电器、接触器一致，在学习过程中应尤其注意其中的异同。

### 4.1.1　S7-200 PLC的工作过程

S7-200 PLC在扫描循环中完成一系列任务。任务循环执行一次称为一个扫描周期。S7-200 PLC的工作过程如图4-1所示。

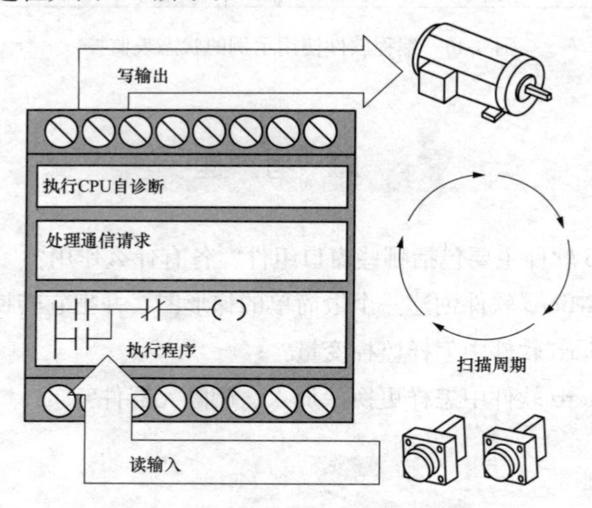


图4-1　S7-200 PLC的工作过程

在一个扫描周期中，S7-200 PLC主要执行下列五个部分的操作：

（1）读输入：S7-200 PLC从输入单元读取输入状态，并存入输入映像寄存器中。

（2）执行程序：CPU根据这些输入信号控制相应逻辑，当程序执行时刷新相关数据。程序执行后，S7-200 PLC将程序逻辑结果写到输出映像寄存器中。

（3）处理通信请求：S7-200 PLC执行通信处理。

（4）执行 CPU 自诊断：S7-200 PLC 检查固件、程序存储器和扩展模块是否工作正常。

（5）写输出：在程序结束时，S7-200 PLC 将数据从输出映像寄存器中写入把输出锁存器，最后复制到物理输出点，驱动外部负载。

### 4.1.2　S7-200 PLC CPU 的工作模式

S7-200 PLC 有两种操作模式：停止模式和运行模式。CPU 面板上的 LED 状态灯可以显示当前的操作模式。

在停止模式下，S7-200 PLC 不执行程序，用户可以下载程序和 CPU 组态。在运行模式下，S7-200 PLC 将运行程序。

S7-200 PLC 提供一个方式开关来改变操作模式。用户可以用方式开关（位于 S7-200 PLC 前盖下面）手动选择操作模式：当方式开关拨在停止模式，停止程序执行；当方式开关拨在运行模式，启动程序的执行；也可以将方式开关拨在 TERM（终端）（暂态）模式，允许通过编程软件来切换 CPU 的工作模式，即停止模式或运行模式。

如果方式开关打在 STOP 或者 TERM 模式，且电源状态发生变化，则当电源恢复时，CPU 会自动进入 STOP 模式。如果方式开关打在 RUN 模式，且电源状态发生变化，则当电源恢复时，CPU 会进入 RUN 模式。

### 4.1.3　I/O 点数扩展和编址

S7-200 PLC CPU22X 系列的每种主机所提供的本机 I/O 点的 I/O 地址是固定的，进行扩展时，可以在 CPU 右边连接多个扩展模块。每个扩展模块的组态地址编号取决于各模块的类型和该模块在 I/O 链中所处的位置。输入与输出模块的地址不会冲突，模拟量控制模块地址也不会影响数字量。

编址方法是同样类型输入或输出点的模块在链中按所处的位置而递增，这种递增是按字节进行的，如果 CPU 或模块在为物理 I/O 点分配地址时未用完一个字节，那些未用的位也不能分配给 I/O 链中的后续模块。

例如，某一控制系统选用 CPU224，系统所需的输入/输出点数为：数字量输入 24 点、数字量输出 20 点、模拟量输入 6 点和模拟量输出 2 点。

本系统可有多种不同模块的选取组合，并且各模块在 I/O 链中的位置排列方式也可能有多种，图 4-2 所示为其中的一种模块连接形式。表 4-1 所示为其对应的各模块的编址情况。

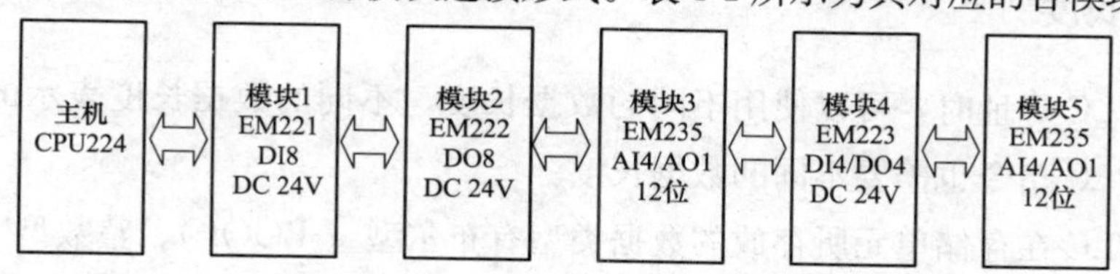


图 4-2　模块连接形式

表 4-1　　　　各模块的编址

| 主机 I/O | 模块 1 I/O | 模块 2 I/O | 模块 3 I/O | 模块 4 I/O | 模块 5 I/O |
| --- | --- | --- | --- | --- | --- |
| I0.0　Q0.0<br>I0.1　Q0.1<br>I0.2　Q0.2<br>I0.3　Q0.3<br>I0.4　Q0.4<br>I0.5　Q0.5<br>I0.6　Q0.6<br>I0.7　Q0.7<br>I1.0　Q1.0<br>I1.1　Q1.1<br>I1.2<br>I1.3<br>I1.4<br>I1.5 | I2.0<br>I2.1<br>I2.2<br>I2.3<br>I2.4<br>I2.5<br>I2.6<br>I2.7 | Q2.0<br>Q2.1<br>Q2.2<br>Q2.3<br>Q2.4<br>Q2.5<br>Q2.6<br>Q2.7 | AIW0　AQW0<br>AIW2<br>AIW4<br>AIW6 | I3.0　Q3.0<br>I3.1　Q3.1<br>I3.2　Q3.2<br>I3.3　Q3.3 | AIW8　AQW4<br>AIW10<br>AIVV12<br>AJW14 |

同类型输入或输出的模块按顺序进行编制。数字量模块总是保留以 8 位（1 个字节）递增的过程映象寄存器空间。如果模块没有给保留字节中每一位提供相应的物理点，那些未用位不能分配给 I/O 链中的后续模块。对于输入模块，这些保留字节中未使用的位会在每个输入刷新周期中被清零。

模拟量 I/O 点总是以两点递增的方式来分配空间。如果模块没有给每个点分配相应的物理点，则这些 I/O 点会消失并且不能够分配给 I/O 链中的后续模块。

## 4.2　S7-200 PLC 的寻址方式及内部数据存储区

S7-200 PLC CPU 将信息存储在不同的存储单元，每个单元都有唯一的地址。S7-200 CPU 使用数据地址访问所有的数据，称为寻址。输入/输出点、中间运算数据等各种数据类型具有各自的地址定义，大部分指令都需要指定数据地址。

本节将从 S7-200 PLC 的数据长度、寻址、寻址方式和内部数据存储区几个方面进行介绍。

### 4.2.1　数据长度

S7-200 PLC 寻址时，可以使用不同的数据长度。不同的数据长度表示的数值范围不同。S7-200 PLC 指令也需要不同的数据长度。

S7-200 PLC 在存储单元所存放的数据类型有布尔型（ BOOL)、整数型（ INT ）、实数型和字符串型四种。数据长度和数值范围如表 4-2 所示。

表 4-2　　数据长度和数值范围

| 数据类型 | 数据长度 | | |
|---|---|---|---|
| | 字节（8位值） | 字（16位值） | 双字（32位值） |
| 无符号整数 | 0～255<br>0～FF | 0～65535<br>0～FFFF | 0～4294967295<br>0～FFFF FFFF |
| 有符号整数 | −128～+127<br>80～7F | −32768～+32767<br>8000～7FFF | −217483648～+2147483647<br>8000 0000～7FFF FFFF |
| 实数 IEEE32 位浮点数 | | | +1.175495E−38～+3.402823E+38（正数）；<br>−1.175495E−38～−3.402823E+38（负数） |

（1）布尔型数据（0或1）。

（2）实数。实数（浮点数）由32位单精度数表示，其格式按照ANSI/IEEE 754-1985标准中所描述的形式。实数按照双字长度来存取。对于S7-200来说，浮点数精确到小数点后第六位。因而当使用一个浮点数常数时，最多可以指定到小数点后第六位。

在实数运算中涉及非常大和非常小的数，有可能导致计算结果不精确。

（3）字符串。字符串指的是一系列字符，每个字符以字节的形式存储。字符串的第一个字节定义了字符串的长度，也就是字符的个数。一个字符串的长度可以是0～254个字符，再加上长度字节，一个字符串的最大长度为255个字节。而一个字符串常量的最大长度为126字节。

（4）S7-200 CPU不支持数据类型检测。例如，可以在加法指令中使用VW100中的值作为有符号整数，同时也可以在异或指令中将VW100中的数据当作无符号的二进制数。

S7-200提供各种变换指令，使用户能方便地进行数据制式及表达方式的变换。

### 4.2.2　常数

在S7-200 PLC的许多指令中，都可以使用常数值。常数可以是字节、字或者双字。S7-200 PLC以二进制数的形式存储常数，可以分别表示十进制数、十六进制数、ASCII码或者实数（浮点数）。S7-200 PLC指令中的常数表示法如表4-3所示。

表 4-3　　S7-200 PLC 指令中的常数表示法

| 数制 | 格式 | 举例 |
|---|---|---|
| 十进制 | [十进制值] | 20047 |
| 十六进制 | 16＃[十六进制值] | 16＃4E4F |
| 二进制 | 2＃1[二进制数] | 2＃1010_0101_1010_0101 |
| ASCII码 | '[ASCII码文本]' | 'ABCD' |
| 实数 | ANSI/IEEE 754-1985 | +1.175495E−38(正数)−1.175495E−38(负数) |
| 字符串 | "[字符串文本]" | "ABCDE" |

### 4.2.3 寻址方式

在 S7-200 PLC 中，寻址方式分为两种：直接寻址和间接寻址。直接寻址方式是指在指令中直接使用存储器或寄存器的元件名称和地址编号，直接查找数据。间接寻址是指使用地址指针来存取存储器中的数据，使用前，首先将数据所在单元的内存地址放入地址指针寄存器中，然后根据此地址存取数据。本书仅介绍直接寻址。

直接寻址时，操作数的地址应按规定的格式表示。指令中数据类型应与指令相符匹配。

在 S7-200 PLC 中，可以按位、字节、字和双字对存储单元进行寻址。寻址时，数据地址以代表存储区类型的字母开始，随后是表示数据长度的标记，然后是存储单元编号。对于按位寻址，还需要在分隔符后指定位编号。

在表示数据长度时，分别用 B、W、D 字母作为字节、字和双字的标识符。

（1）位寻址。位寻址是指按位对存储单元进行寻址，位寻址也称为字节．位寻址，一个字节占有 8 个位。位寻址时，一般将该位看作是一个独立的软元件，像一个继电器一样，看作它有线圈及常开、常闭触点，且当该位置 1 时，即线圈“得电”时，常开触点接通，常闭触点断开。由于取用这类元件的触点只是访问该位的“状态”，因此可以认为这些元件的触点有无数多对。字节．位寻址一般用来表示“开关量”或“逻辑量”。I3.4 表示输入映像寄存器 3 号字节的 4 号位。位寻址的格式：［区域标识］［字节地址］．［位地址］，位寻址的表示方法如图 4-3 所示。

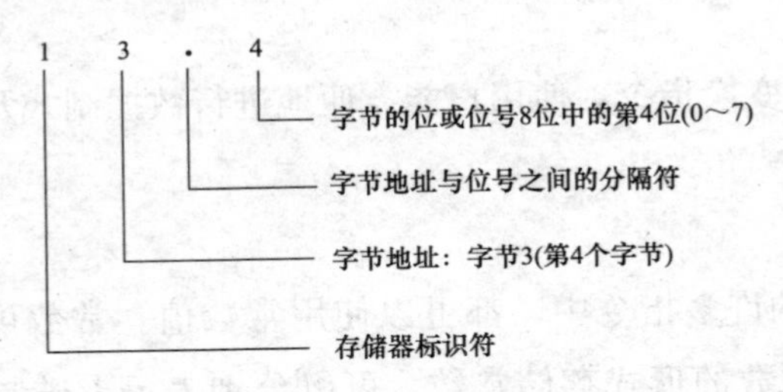


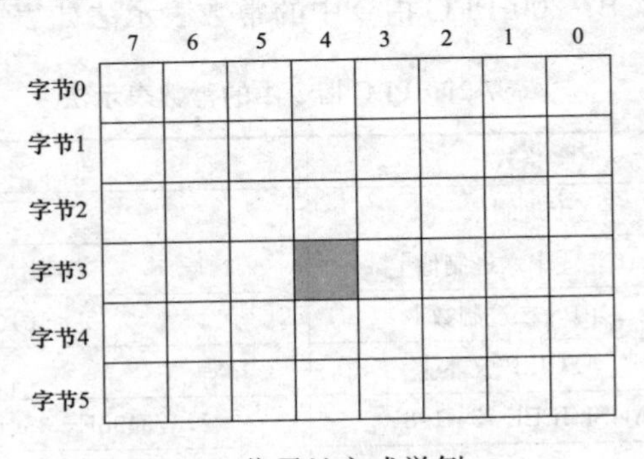


图 4-3　位寻址方式举例

（2）字节寻址（8 bit）。字节寻址由存储区标识符、字节标识符、字节地址组合而成。如 VB100，其字节寻址示例见图 4-4。

字节寻址的格式：[区域标识] [字节标识符]. [字节地址]。

（3）字寻址（16 bit）。字寻址由存储区标识符、字标识符及字节起始地址组合而成。如 VW100，其字寻址方式见图 4-4。

字寻址的格式：[区域标识] [字标识符]. [字节起始地址]。

（4）双字寻址（32 bit）。双字寻址由存储区标识符、双字标识符及字节起始地址组合而成。如 VD100，其双字寻址方式见图 4-4。

双字寻址的格式：[区域标识] [双字标识符]. [字节起始地址]。

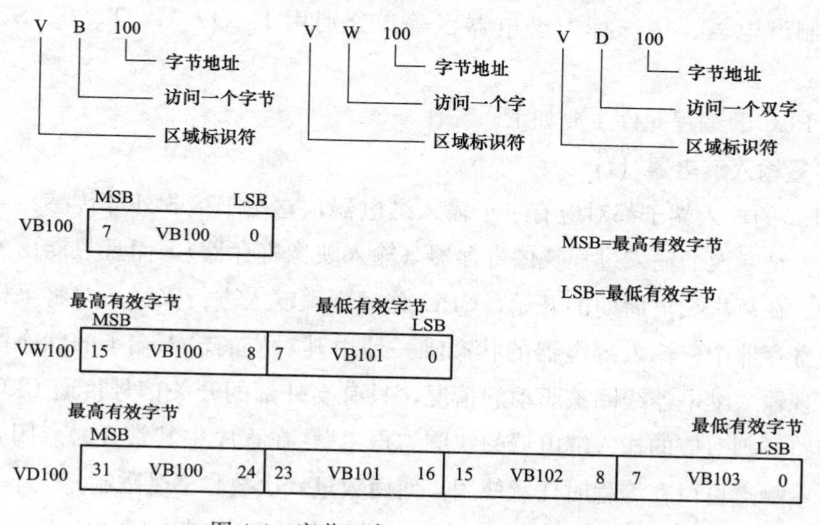


图 4-4　字节、字、双字寻址方式举例

为使用方便和使数据与存储器单元长度统一，S7-200 系列中，一般存储单元都具有位寻址、字节寻址、字寻址及双子寻址 4 种寻址方式。寻址时，不同的寻址方式情况下，选用同一字节地址作为起始地址时，其所表示的地址空间是不同的。

在 S7-200 中，一些存储数据专用的存储单元不支持位寻址方式，主要有模拟量输入/输出、累加器、定时器和计数器的当前值存储器等。而累加器不论采用何种寻址方式，都要占用 32 位，模拟量单元寻址时均以偶数标志。此外，定时器、计数器具有当前值存储器及位存储器，属于同一个器件的存储器采用同一标号寻址。

## 4.3　S7-200 PLC 的编程元件（内部元件、软元件）

PLC 通过程序的运行实施控制的过程实质就是对存储器中数据进行操作或处理的过程，根据使用功能的不同，把存储器分为若干个区域和种类，这些由用户使用的每一个内部存储单元统称为软元件。各元件有其不同的功能，有固定的地址。软元件的数量决定了可编程控制器的规模和数据处理能力，每一种 PLC 的软元件是有限的。

为了理解方便，把 PLC 内部许多位地址空间的软元件定义为内部继电器（软继电器）。但要注意把这种继电器与传统电气控制电路中的继电器区别开来，这些软继电器的最大特点就是其线圈的通断实质就是其对应存储器位的置位与复位，在电路（梯形图）中使用其触点实质就是对其所对应的存储器位的读操作，因此其触点可以无限次使用。

编程时，用户只需要记住软元件的地址即可。每一软元件都有一个地址与之一一对应，其中软继电器的地址编排采用区域号加区域内编号的方式。即 PLC 内部根据软元件的功能不同，分成了许多区域，如输入/输出继电器、辅助继电器、定时器区、计数器区、顺序控制继电器、特殊标志继电器区等，分别用 I、Q、M、T、C、S、SM 等来表示。

S7-200 PLC 的编程元件主要如下。

**1. 数字量输入继电器（I）**

每个 PLC 的输入端子都对应有一个输入继电器，它用于接收外部传感器或开关元件发来的信号，是专设的输入过程映像寄存器（输入映像寄存器），而且只能由外部信号驱动程序驱动。在每次扫描周期的开始，CPU 总对物理输入进行采样，并将采样值写入输入过程映像寄存器中。输入继电器的状态唯一地由其对应的输入端子的状态决定，在程序中不能出现输入继电器线圈被驱动的情况，只有当外部的开关信号接通 PLC 的相应输入端子的回路，则对应的输入继电器的线圈“得电”，在程序中其常开触点闭合，常闭触点断开。这些触点可以在编程时任意使用，使用数量（次数）不受限制。

所谓输入继电器的线圈“得电”，事实上并非真的有输入继电器的线圈存在，这只是一个存储器的操作过程。在每个扫描周期的开始，PLC 对各输入点进行采样，并把采样值存入输入映像寄存器。PLC 在接下来的本周期各阶段不再改变输入映像寄存器中的值，直到下一个扫描周期的输入采样阶段。

需要特别注意的是，输入继电器的状态由输入端子的状态唯一决定，输入端子接通则对应的输入继电器得电动作，输入端子断开则对应的输入继电器断电复位。在程序中试图改变输入继电器的状态的所有做法都是错误的。

数字量输入继电器用“I”表示，输入映像寄存器区属于位地址空间，范围为 I0.0～I15.7，可进行位、字节、字、双字操作。实际输入点数不能超过这个数量，未用的输入映像寄存器区可以做其他编程元件使用，如可以当通用辅助继电器或数据寄存器，但这只有在寄存器的整个字节的所有位都未占用的情况下才可他用，否则会出现错误执行结果。输入继电器一般采用八进制编号，一个端子占用一个点。它有 4 种寻址方式，即可以按位、字节、字或双字来存取输入过程映像寄存器中的。格式如下：

位：I[字节地址].[位地址]，如 I0.1。

字节、字或双字：I[长度][起始字节地址]，如 IB3，IW4，ID0。

**2. 数字量输出继电器（Q）**

输出继电器是用来将 PLC 的输出信号传递给负载，是专设的输出过程映像寄存器（输出映像寄存器）。每个 PLC 的输出端子对应都有一个输出继电器。当通过程序使得输出继电器线圈“得电”时，PLC 上的输出端开关闭合，它可以作为控制外部负载的开关信号。同时在程序中其常开触点闭合，常闭触点断开。这些触点可以在编程时任意使用，使用次数不受限制。它只能用程序指令驱动。在每次扫描周期的结尾，CPU 将输出映像寄存器中的数值复制到物理输出点上，并将采样值写入，以驱动负载。

数字量输出继电器用“Q”表示，输出映像寄存器区属于位地址空间，范围为 Q0.0～Q15.7，可进行位、字节、字、双字操作。实际输出点数不能超过这个数量，未用的输出映像区可做他用，用法与输入继电器相同。在 PLC 内部，输出映像寄存器与输出端子之间还有一个输出锁存器。在每个扫描周期的输入采样、程序执行等阶段，并不把输出结果信号直接送到输出锁存器，而只是送到输出映像寄存器，只有在每个扫描周期的末尾才将输出映像寄存器中的结果信号几乎同时送到输出锁存器，对输出点进行刷新。输出继电器一般采用八进制编号，一个端子占用一个点。它有 4 种寻址方式，即可以按位、字节、字或双字来存取输出过程映像寄存器中的数据。

格式如下：

位：Q[字节地址].[位地址]，如 Q0.2。

字节、字或双字：Q[长度][起始字节地址]，如 QB2，QW6，QD4。

另外需要注意的是，不要把继电器输出型的输出单元中的真实的继电器与输出继电器相混淆。

**3. 通用辅助继电器、位存储（M）**

在逻辑运算中通常需要一些存储中间操作信息的元件，它们并不直接驱动外部负载，只起中间状态的暂存作用，类似于继电器接触系统中的中间继电器。通用辅助继电器在 PLC 中没有输入、输出端与之对应，因此通用辅助继电器的线圈不直接受输入信号的控制，其触点也不能直接驱动外部负载。所以通用辅助继电器只能用于内部逻辑运算。

通用辅助继电器用“M”表示，通用辅助继电器区属于位地址空间，范围为 M0.0～M31.7，可进行位、字节、字、双字操作。在 S7-200 系列 PLC 中，可以用位存储器作为控制继电器来存储中间操作状态和控制信息。一般以位为单位使用。

位存储区有 4 种寻址方式，即可以按位、字节、字或双字来存取位存储器中的数据。

格式如下：

位：M[字节地址].[位地址]，如 M0.3。

字节、字或双字：M[长度][起始字节地址]，如 MB4，MW10，MD4。

**4. 定时器（T）**

定时器是可编程序控制器中重要的编程元件，是累计时间增量的内部器件。自动控制的很多领域都需要用定时器定时控制，灵活地使用定时器可以编制出动作要求复杂的控制程序。

定时器的工作过程与继电器接触器控制系统的时间继电器基本相同。使用时要提前输入时间预置值。当定时器的输入条件满足且开始计时，当前值从 0 开始按一定的时间单位增加；当定时器的当前值达到预置值时，定时器动作，此时它的常开触点闭合，常闭触点断开，利用定时器的触点就可以按照延时时间实现的各种控制规律或动作。

在 S7-200 PLC 中，定时器作用相当于时间继电器，可用于时间增量的累计。其分辨率分为三种：1ms、10ms、100ms。

定时器有以下两种寻址形式。

（1）当前值寻址：16 位有符号整数，存储定时器所累计的时间。

（2）定时器位寻址：根据当前值和预置值的比较结果置位或者复位。

两种寻址使用同样的格式：T＋定时器号，如 T37。

**5. 计数器（C）**

计数器用来累计内部事件的次数。可以用来累计内部任何编程元件动作的次数，也可以通过输入端子累计外部事件发生的次数，它是应用非常广泛的编程元件，经常用来对产品进行计数或进行特定功能的编程。使用时要提前输入它的设定值（计数的个数）。当输入触发条件满足时，计数器开始累计其输入端脉冲电位跳变（上升沿或下降沿）的次数；当计数器计数达到预定的设定值时，其常开触点闭合，常闭触点断开。在 S7-200 CPU 中，计数器用于累计从输入端或内部元件送来的脉冲数。它有增计数器、减计数器及增/减计数器 3 种类型。由于计数器频率扫描周期的限制，当需要对高频信号计数时可以用高频计数器（HSC）。

计数器有以下两种寻址形式。

（1）当前值寻址：16 位有符号整数，存储累计脉冲数。

（2）计数器位寻址：根据当前值和预置值的比较结果置位或者复位。同定时器一样，两种寻址方式使用同样的格式，即 C＋计数器编号，如 C0。

**6. 顺序控制继电器（S）**

顺序控制继电器用在顺序控制和步进控制中组织机器操作或进入等效程序段工步，以实现顺序控制和步进控制。它是特殊的继电器，又称状态元件。顺序控制继电器区属于位地址空间，可进行位操作，也可以进行字节、字、双字操作。在 PLC 内为数字量。格式如下：

位：S[字节地址]．[位地址]，如 S0．6。

字节、字或双字：S[长度][起始字节地址]，如 SB10，SW10，SD4。

**7. 特殊标志继电器（SM）**

有些辅助继电器具有特殊功能或存储系统的状态变量、有关的控制参数和信息，我们称为特殊标志继电器。用户可以通过特殊标志来沟通PLC与被控对象之间的信息，如可以读取程序运行过程中的设备状态和运算结果信息，利用这些信息用程序实现一定的控制动作。用户也可通过直接设置某些特殊标志继电器位来使设备实现某种功能，或者为用户提供一些特殊的控制功能及系统信息，用户对操作的一些特殊要求也要通过SM通知系统。特殊标志位分为只读区和可读可写区两部分。

特殊标志继电器用“SM”表示，特殊标志继电器区根据功能和性质不同具有位、字节、字和双字操作方式。其中SMB0、SMB1为系统状态字，只能读取其中的状态数据，不能改写，可以位寻址。

系统状态字中只读区特殊标志位，用户只能使用其触点，如表4-4所示。

**表4-4　特殊标志位**

| 特殊标志位 | 说　明 |
| --- | --- |
| SM0.0 | RUN监控，PLC在RUN状态时，SM0.0总为1，始终接通 |
| SM0.1 | 首次扫描为1，以后为0，常用来对程序进行初始化 |
| SM0.2 | 当机器执行数学运算的结果为负时，该位被置1 |
| SM0.3 | PLC上电进入RUN时，SM0.3接通一个扫描周期 |
| SM0.4 | 该位提供了一个周期为1min，占空比为0.5的时钟 |
| SM0.5 | 该位提供了一个周期为1S，占空比为0.5的时钟 |
| SM0.6 | 该位为扫描时钟，本次扫描置1，下次扫描置0，交替循环。可作为扫描计数器的输入 |
| SM0.7 | 该位指示CPU工作方式开关的位置，0=TERM，1=RUN。通常用来在RUN状态下启动自由口通信方式 |
| SM1.0 | 当执行某些指令，其结果为0时，将该位置1 |
| SM1.1 | 当执行某些指令，若结果溢出或为非法数值时，将该位置1 |
| SM1.2 | 当执行数学运算指令，其结果为负数时，将该位置1 |
| SM1.3 | 试图除以0时，将该位置1 |

可读可写特殊标志位用于特殊控制功能，如用于自由口设置的SMB30，用于定时中断时间设置的SMB34/SMB35，用于高速计数器设置的SMB36～SMB62，用于脉冲输出和脉冲调制的SMB66～SMB85等。

其他常用特殊标志继电器的功能可以参见S7-200 PLC系统手册。

**8. 变量存储器（V）**

变量存储器用来存储变量。它可以存放程序执行过程中控制逻辑操作的中间结果，也可以使用变量存储器来保存与工序或任务相关的其他数据。变量存储器区属于位地址空间，可进行位操作，但更多的是用于字节、字、双字操作。变量存储器也是S7-200中空间最大的存储区域，所以常用来进行数学运算和数据处理，存放全局变量数据。它有4

种寻址方式即可以按位、字节、字或双字来存取变量存储区中的数据。

格式如下：

位：V［字节地址］.［位地址］，如 V10.2。

字节、字或双字：V［数据长度］［起始字节地址］，如 VB 100，VW200，VD300。

**9. 局部变量存储器（L）**

局部变量存储器用来存放局部变量。局部变量与变量存储器所存储的全局变量十分相似，主要区别是全局变量是全局有效的，而局部变量是局部有效的。全局有效是指同一个变量可以被任何程序（包括主程序、子程序和中断程序）访问，而局部有效是指变量只和特定的程序相关联。

S7-200 PLC 提供 64 个字节的局部存储器，其中 60 个可以作为暂时存储器或给子程序传递参数。主程序、子程序和中断程序在使用时都可以有 64 个字节的局部存储器可以使用。不同程序的局部存储器不能互相访问。机器在运行时，根据需要动态地分配局部存储器：在执行主程序时，分配给子程序或中断程序的局部变量存储区是不存在的，当子程序调用或出现中断时，需要为之分配局部存储器，新的局部存储器可以是曾经分配给其他程序块的同一个局部存储器。局部变量存储器常用来作为临时数据的存储器或者为子程序传递函数。可以按位、字节、字或双字来存取局部变量存储区中的数据。格式如下：

位：L［字节地址］.［位地址］，如 L0.5。

字节、字或双字：L［长度］［起始字节地址］，如 LB34，LW20，LD4。

**10. 累加器（AC）**

S7-200 PLC 提供 4 个 32 位累加器，分别为 AC0、ACl、AC2、AC3，累加器（AC）是用来暂存数据的寄存器。它可以用来存放数据，如运算数据、中间数据和结果数据，也可用来向子程序传递参数，或从子程序返回参数。使用时只表示出累加器的地址编号，如 AC0。

累加器可进行读、写两种操作，在使用时只出现地址编号。累加器可用长度为 32 位，但实际应用时，数据长度取决于进出累加器的数据类型。S7-200 PLC 提供了 4 个 32 位累加器 AC0～AC3。累加器可以按字节、字和双字的形式来存取累加器中的数值。

格式：AC［累加器号］，如 AC 1。

**11. 模拟量输入（AI）**

模拟量输入电路用以实现模拟量/数字量（A/D）之间的转换。S7-200 将模拟量值（如温度或电压）转换成 1 个字长（16 位）的数字量。可以用区域标识符（AI）、数据长度（W）及字节的起始地址来存取这些值。因为模拟输入量为 1 个字长，且从偶数位字节（如 0、2、4）开始，所以必须用偶数字节地址（如 AIW0、AIW2、AIW4）来存取这些值。模拟量输入值为只读数据，模拟量转换的实际精度是 12 位。

格式：AQW［起始字节地址］，如AIW4。

**12. 模拟量输出（AQ）**

模拟量输出电路用以实现数字量/模拟量（D/A）之间的转换。S7-200将1个字长（16位）数字值按比例转换为电流或电压。可以用区域标识符（AQ）、数据长度（W）及字节的起始地址来改变这些值。因为模拟量为1个字长，且从偶数字节（如0、2、4）开始，所以必须用偶数字节地址（如AQW0、AQW2、AQW4）来改变这些值。模拟量输出值为只写数据。模拟量转换的实际精度是12位。

格式：AQW［起始字节地址］，如AQW4。

**13. 高速计数器（HC）**

高速计数器的工作原理与普通计数器基本相同，它用来累计比主机扫描速率更快的高速脉冲。高速计数器使用主机上的专用端子接收这些高速信号。高速计数器对高速事件计数，它独立于CPU的扫描周期，其数据为32位有符号的高速计算器的当前值，且为只读值。高速计数器的数量很少，编址时只用名称HC和编号，如HC2。

## 4.4　S7-200 PLC的寻址方式

S7-200 PLC编程语言的基本单位是语句，而语句的构成是指令，每条指令有两部分：一部分是操作码，另一部分是操作数。操作码是指出这条指令的功能是什么，操作数则指明了操作码所需要的数据所在。所谓寻址，就是寻找操作数的过程。S7-200 CPU的寻址分三种：立即寻址、直接寻址、间接寻址。

**1. 立即寻址**

在一条指令中，如果操作码后面的操作数就是操作码所需要的具体数据，这种指令的寻址方式就叫立即寻址。例如，传送指令MOV IN OUT，操作码“MOV”指出该指令的功能把IN中的数据传送到OUT中，其中“IN”指源操作数，“ OUT”指目标操作数。

若该指令为：MOVD 2505 VD500，功能是将十进制数2505传送到VD500中，这里2505就是源操作数。因这个操作数的数值已经在指令中了，不用再去寻找，这个操作数即立即数。这个寻址方式就是立即寻址方式。而目标操作数的数值在指令中并未给出，只给出了要传送到的地址VD500，这个操作数的寻址方式就是直接寻址。

**2. 直接寻址**

在一条指令中，如果操作码后面的操作数是以操作数所在地址的形式出现的，这种指令的寻址方式就叫直接寻址，如MOVD VD400 VD500，功能是将VD400中的双字数据传给VD500。

**3. 间接寻址**

在一条指令中，如果操作码后面的操作数是以操作数所在地址的地址形式出现的，这种指令的寻址方式就叫间接寻址，如 MOVD 2505 ＊VD500，其中，＊VD500 是指存放 2505 的地址。如果 VD500 中存放的是 VB0，则 VD0 则是存放 2505 的地址。该指令的功能为将十进制数 2505 传送给 VD0 地址中。

## 4.5　S7-200 PLC 的基本指令

S7-200 PLC 用 LAD 编程时以每个独立的网络块（Network）为单位，所有的网络块组合在一起就是梯形图程序，这也是 S7-200 PLC 的特点。S7-200 PLC 用 STL 编程时，如果也以每个独立的网络块为单位，则 STL 程序和 LAD 程序基本上是一一对应的，而且两者可以在编程软件环境中相互转换；如果不以每个独立的网络块为单位编程，而是连续编写，则 STL 程序和 LAD 程序不能通过编程软件相互转换。

### 4.5.1　逻辑取及线圈驱动指令

逻辑取及线圈驱动指令为 LD、LDN 和＝。

（1）LD(Load) 为取常开触点指令。用于网络块逻辑运算开始的常开触点与母线的连接。

（2）LDN(Load Not) 为取常闭触点指令。用于网络块逻辑运算开始的常闭触点与母线的连接。

（3）＝(Out) 为线圈驱动指令。

图 4-5 所示为上述三条指令的用法。

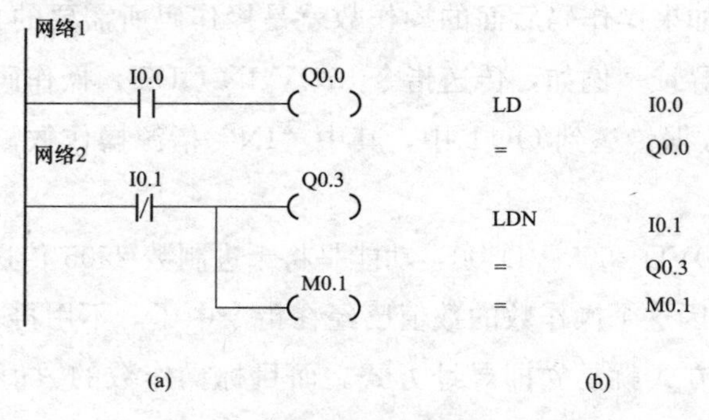


图 4-5　逻辑取及线圈驱动指令示例

（a）梯形图；（b）语句表

使用说明：

（1）LD、LDN 指令不只是用于网络块逻辑计算开始时与母线相连的常开和常闭触点，在分支电路块的开始也要使用 LD、LDN 指令，与后面要讲的 ALD、OLD 指令配合完成块电路的编程。

(2) 由于输入继电器的状态唯一地由输入端子的状态决定，在程序中是不能被改变的，所以“＝”指令不能用于输入继电器。

(3) 并联的“＝”指令可连续使用任意次。

(4) 在同一程序中不要使用双线圈输出，即同一个元器件在同一程序中只使用一次“＝”指令。否则可能会产生不希望的结果。

(5) LD、LDN 指令的操作数为 I、Q、M、SM、T、C、V、S、L。“＝”指令的操作数为 Q、M、S、V、S、L。T 和 C 也作为输出线圈，但在 S7-200 PLC 中输出时不以使用“＝”指令形式出现，而是采用功能块（见定时器和计数器指令）。

### 4.5.2　触点串联指令

触点串联指令有 A 和 AN。

A（And）为与指令，用于单个常开触点的串联连接。

AN（And Not）为与非指令，用于单个常闭触点的串联连接。

图 4-6 所示为上述两条指令的用法。

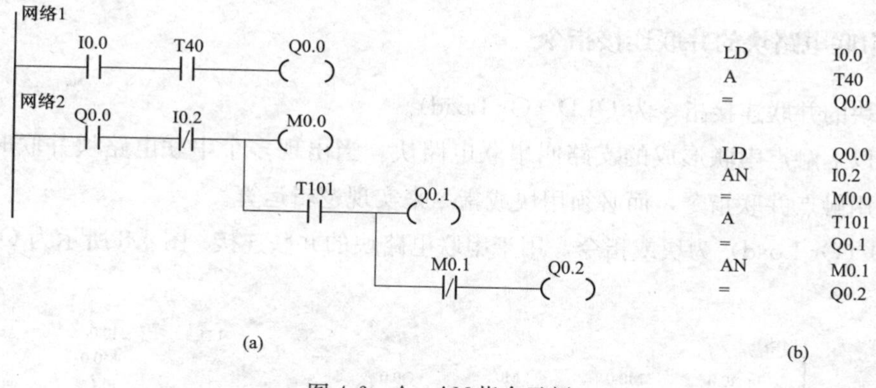


图 4-6　A、AN 指令示例

（a）梯形图；（b）语句表

使用说明：

(1) A、AN 是单个触点串联连接指令，可连续使用。但在用梯形图编程时会受到打印宽度和屏幕显示的限制，S7-200 PLC 的编程软件中规定的串联触点使用上限为 11 个。

(2) 图 4-6 所示的连续输出电路，可以反复使用＝指令，但次序必须正确。

(3) A、AN 指令的操作数为 I、Q、M、SM、T、C、V、S 和 L。

### 4.5.3　触点并联指令

触点并联指令为 O(Or)、ON(Or Not)。

O(OR) 为或指令。用于单个常开触点的并联连接。

ON(Or Not）为或非指令。用于单个常闭触点的并联连接。

图 4-7 所示为上述两条指令的用法。

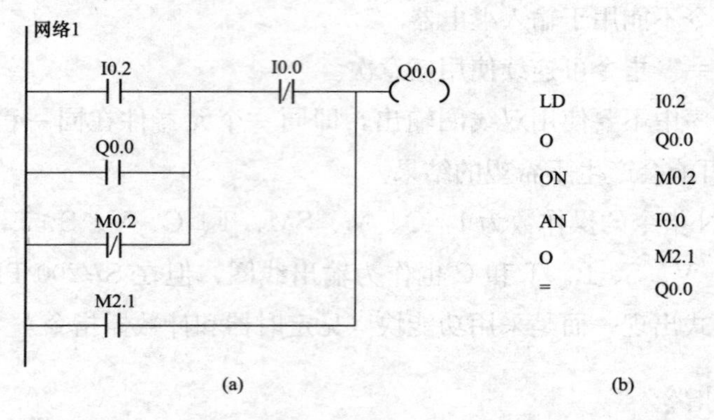


图 4-7 O、ON 指令示例

(a）梯形图；(b）语句表

使用说明：

(1）单个触点的 O、ON 指令可连续使用。

(2）O、ON 指令的操作数为 I、Q、M、SM、T、C、V、S 和 L。

### 4.5.4 串联电路块的并联连接指令

电路块的并联连接指令为 OLD（Or Load)。

两个以上触点串联形成的支路叫串联电路块。当出现多个串联电路块并联时，就不能简单地用触点并联指令，而必须用块或指令来实现逻辑运算。

OLD（Or Load）为块或指令。用于串联电路块的并联连接。图 4-8 所示为 OLD 指令的用法。

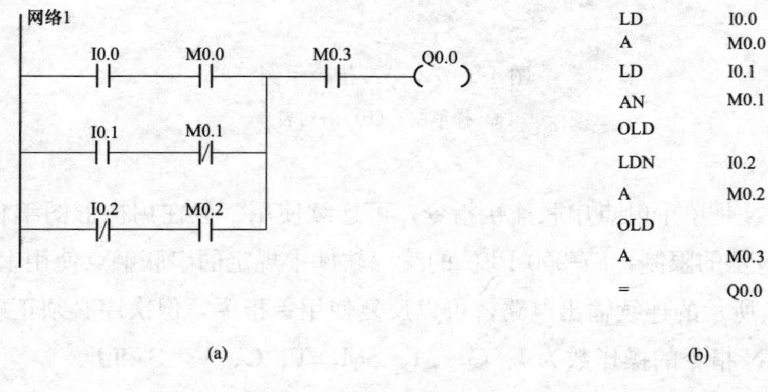


图 4-8 OLD 指令示例

(a）梯形图；(b）语句表

使用说明：

(1）除在网络块逻辑运算的开始使用 LD 或 LDN 指令外，在块电路的开始也要使用

LD 或 LDN 指令。

（2）每完成一次块电路的并联时要写上 OLD 指令。

（3）OLD 指令无操作数。

### 4.5.5　并联电路块的串联连接指令

电路块的串联连接指令为 ALD（And Load）。

两条以上支路并联形成的电路叫并联电路块。当出现多个并联电路块串联时，就不能简单地用触点串联指令，而必须用块与指令来实现逻辑运算。

ALD（And Load）为块与指令。用于并联电路块的串联连接。图 4-9 所示为 ALD 指令的用法。

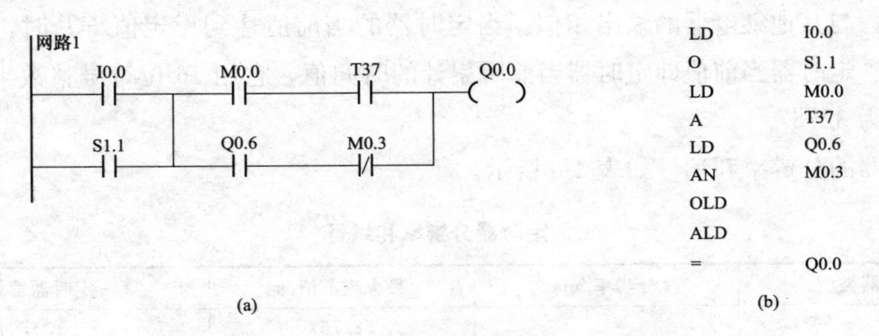


图 4-9　ALD 指令示例

（a）梯形图；（b）语句表

ALD 指令使用说明：

（1）在块电路开始时要使用 LD 和 LDN 指令。

（2）在每完成一次块电路的串联连接后要写上 ALD 指令。

（3）ALD 指令无操作数。

### 4.5.6　定时器指令

按时间控制是最常用的逻辑控制形式，所以定时器是 PLC 中最常用的元件之一。用好、用对定时器对 PLC 程序设计非常重要。

定时器是根据预先设定的定时值，按一定的时间单位进行计时的 PLC 内部装置，在运行过程中当定时器的输入条件满足时，当前值从 0 开始，按一定的单位增加。当定时器的当前值到达设定值时，定时器发生动作，从而满足各种定时逻辑控制的需要。下面详细介绍定时器的使用。

**1. S7—200 PLC 定时器种类**

S7—200 PLC 为用户提供了三种类型的定时器：接通延时定时器（TON）、有记忆接通延时定时器（TONR）和断开延时定时器（TOF）。对于每一种定时器，又根据定时器的分辨率的不同，分为 1ms、10ms 和 100ms 三个精度等级。

定时器定时时间 $T$ 的计算公式为

$$T = PT \times S$$

式中：$T$ 为实际定时时间；$PT$ 为设定值；$S$ 为分辨率。

例如，TON 指令使用 T35(为 10ms 的定时器)，设定值为 100，则实际定时时间为

$$T = 100 \times 10 = 1000\text{ms}$$

定时器的设定值 PT 的数据类型为 INT 型。操作数可为 VW、IW、QW、MW、SW、SMW、LW、AIW、T、C、AC、*VD、*AC、*LD 和常数，其中常数最为常用。

定时器的编号用定时器的名称和它的常数编号（最大为 255）来表示，即 T×××。如 T40。定时器的编号包含两方面的变量信息：定时器位和定时器当前值。定时器位即定时器触点，与其他继电器的输出相似。当定时器的当前值达到设定值 $PT$ 时，定时器的触点动作。定时器当前值即定时器当前所累计的时间值，它用 16 位符号整数来表示，最大计数值为 32767。

定时器的分辨率和编号如表 4-5 所示。

**表 4-5　　定时器分辨率和编号**

| 定时器类型 | 分辨率/ms | 最大当前值/s | 定时器编号 |
|---|---|---|---|
| TONR | 1 | 32.767 | T0，T64 |
| | 10 | 327.67 | T1～T4，T65～68 |
| | 100 | 3276.7 | T5～T31，T69～T95 |
| TON，TOF | 1 | 32.767 | T32，T96 |
| | 10 | 327.67 | T33～T36，T97～T100 |
| | 100 | 3276.7 | T37～T63，T101～T255 |

从表 4-5 可以看出 TON 和 TOF 使用相同范围的定时器编号，需要注意的是，在同一个 PLC 程序中决不能把同一个定时器号同时用作 TON 和 TOF。例如，在程序中，不能既有接通延时（TON）定时器 T32，又有断开延时（TOF）定时器 T32。

**2. 定时器指令的使用**

三种定时器指令的 LAD 和 STL 格式如表 4-6 所示。

**表 4-6　　定时器指令的 LAD 和 STL 形式**

| 格式 | 名称 | | |
|---|---|---|---|
| | 接通延时定时器 | 有记忆接通延时定时器 | 断开延时定时器 |
| LAD | ????<br>IN TON<br>????— PT | ????<br>IN TONR<br>????— PT | ????<br>IN TOF<br>????— PT |
| STL | TON T***，PT | TONR T***，PT | TOF T***，PT |

（1）接通延时定时器 TON（On—Delay Timer）。接通延时定时器用于单一时间间隔的定时。上电周期或首次扫描时，定时器位为 OFF，当前值为 0。输入端接通时，定时器位为 OFF，当前值从 0 开始计时，当前值达到设定值时，定时器位为 ON，当前值仍继续计数，直到 32 767 为止。输入端断开，定时器自动复位，即定时器位为 OFF，当前值为 0。

（2）记忆接通延时定时器 TONR（Retentive On—Delay Timer）。记忆接通延时定时器对定时器的状态具有记忆功能，它用于对许多间隔的累计定时。首次扫描或复位后上电周期，定时器位为 OFF，当前值为 0。当输入端接通时，当前值从 0 开始计时。当输入端断开时，当前值保持不变。当输入端再次接通时，当前值从上次的保持值继续计时，当前值累计达到设定值时，定时器位 ON 并保持，只要输入端继续接通，当前值可继续计数到 32 767。

需要注意的是，断开输入端或断开电源都不能改变 TONR 定时器的状态，只能用复位指令 R 对其进行复位操作。

（3）断开延时定时器 TOF（Off—Delay Timer）。断开延时定时器用来在输入断开后延时一段时间断开输出。上电周期或首次扫描，定时器位为 OFF，当前值为 0。输入端接通时，定时器位为 ON，当前值为 0。当输入端由接通到断开时，定时器开始计时。当达到设定值时定时器位为 OFF，当前值等于设定值，停止计时。输入端再次由 OFF—ON 时，TOF 复位；如果输入端再从 ON—OFF，则 TOF 可实现再次启动。

图 4-10 所示为三种类型定时器的基本使用举例，其中 T35 为 TON、T2 为 TONR、T36 为 TOF。

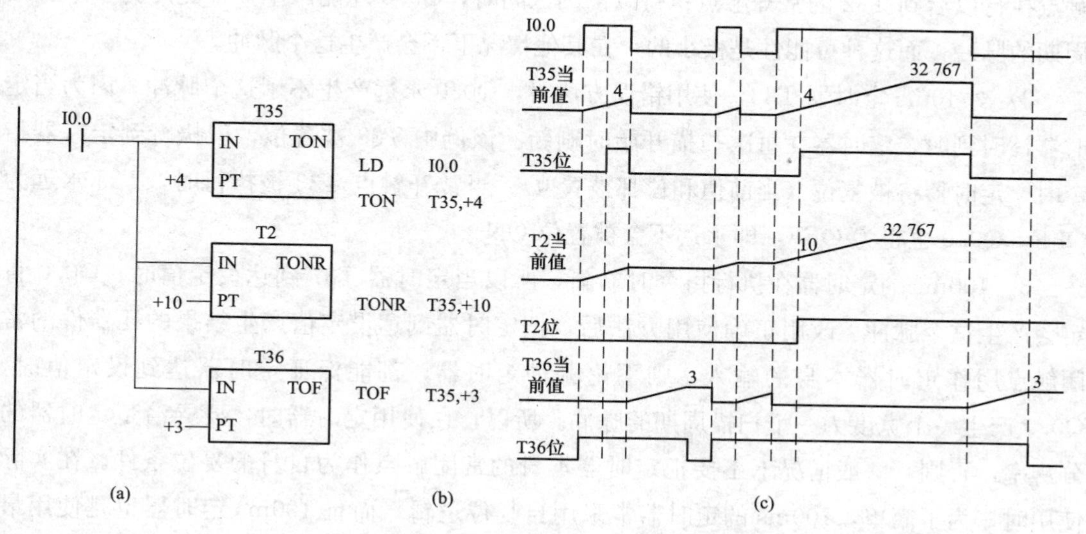


图 4-10 定时器指令

（a）梯形图；（b）语句表；（c）时序图

**3. 定时器的分辨率（时基）及其正确使用**

定时器实质就是对时间间隔计数。定时器的分辨率（时基）决定了每个时间间隔的时间长短。在 S7—200 系列 PLC 的定时器中，定时器的分辨率有 1ms、10ms、100ms 三种，这三种定时器的刷新方式是不同的，从而在使用方法上也有很大的不同。这和其他 PLC 是有很大区别的。使用时一定要注意根据使用场合和要求来选择定时器。

（1）定时器的刷新方式。

1）1ms 定时器 1ms 定时器采用的是中断刷新方式，由系统每隔 1ms 刷新一次，与扫描周期及程序处理无关。对于大于 1ms 的程序扫描周期，在一个扫描周期内，定时器位和当前值刷新多次。其当前值在一个扫描周期内不一定保持一致。

2）10ms 定时器 10ms 定时器由系统在每个扫描周期开始时自动刷新，在每个扫描周期的开始会将一个扫描累计的时间间隔加到定时器当前值上。由于每个扫描周期只刷新一次，故在一个扫描周期内定时器位和定时器的当前值保持不变。

3）100ms 定时器 100ms 定时器在定时器指令执行时被刷新，因此，如果 100ms 定时器被激活后，如果不是每个扫描周期都执行定时器指令或在一个扫描周期内多次执行定时器指令，都会造成计时失准。100ms 定时器仅用在定时器指令在每个扫描周期执行一次的程序中。

（2）定时器的正确使用。图 4-11 所示为正确使用定时器的一个例子。它用来在定时器计时时间到时产生一个宽度为一个扫描周期的脉冲。

结合各种定时器的刷新方式规定，从图 4-11 中可以看出：

1）对 1ms 定时器 T32，在使用错误方法时，只有当定时器的刷新发生在 T32 的常闭触点执行以后到 T32 的常开触点执行以前的区间时，Q0.0 才能产生一个宽度为一个扫描周期的脉冲，而这种可能性是极小的，在其他情况下不会产生这个脉冲。

2）对 10ms 定时器 T33，使用错误方法时，Q0.0 永远产生不了这个脉冲。因为当定时器计时到时，定时器在每次扫描开始时刷新。该例中 T33 被置位，但执行到定时器指令时，定时器将被复位（当前值和位都被置 0）。当常开触点 T33 被执行时，T33 永远为 OFF，Q0.0 也将为 OFF，即永远不会被置位 ON。

3）100ms 的定时器在执行指令时刷新，所以当定时器 T37 到达设定值时，Q0.0 肯定会产生这个脉冲。改用正确使用方法后，把定时器到达设定值产生结果的元器件的常闭触点用作定时器本身的输入，则不论哪种定时器，都能保证定时器达到设定值时，Q0.0 产生一个宽度为一个扫描周期的脉冲。所以，在使用定时器时，要弄清楚定时器的分辨率，否则，一般情况下不要把定时器本身的常闭触点作为自身的复位条件。在实际使用时，为了简单，100ms 的定时器常采用自复位逻辑，而且 100ms 定时器也是使用最多的定时器。

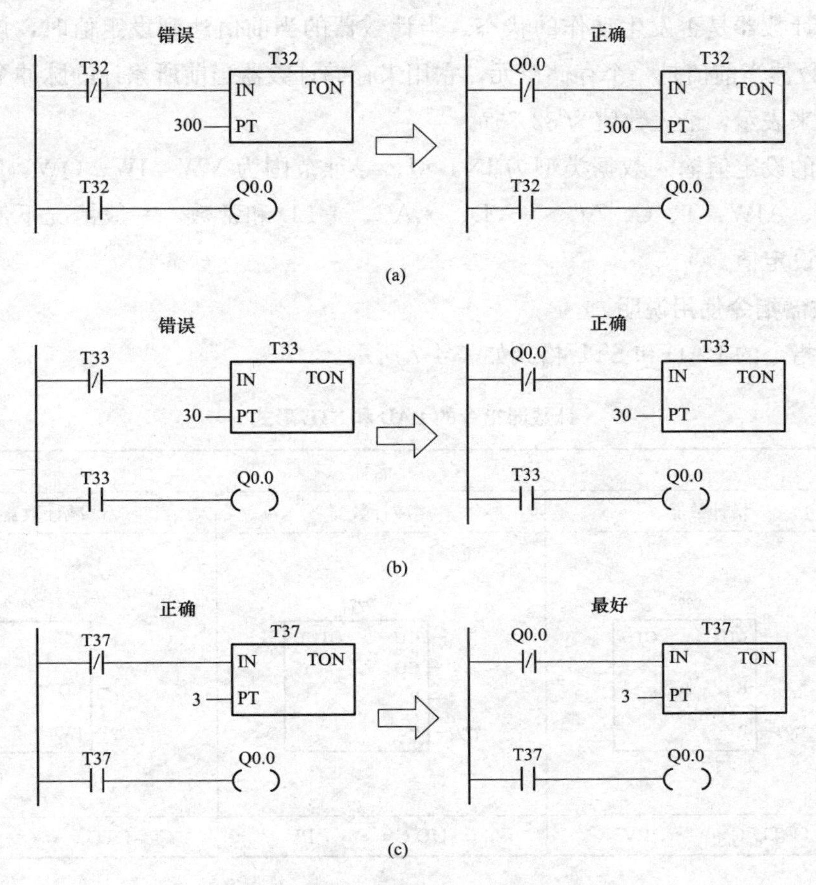


图 4-11　定时器指令的正确使用

(a) 1ms 定时器的使用；(b) 10ms 定时器的使用；(c) 100ms 定时器的使用

### 4.5.7　计数器指令

S7-200 PLC 的计数器分为一般用途计数器和高速计数器两大类。一般用途计数器用来累计输入脉冲的个数，其计数速度较慢，其输入脉冲频率必须要小于 PLC 程序扫描频率，一般最高为几百 Hz，所以在实际应用中主要用来对产品进行计数等控制任务。高速计数器主要用于对外部高速脉冲输入信号进行计数，例如在定位控制系统中，位置编码器的位置反馈脉冲信号一般高达几 kHz，有时甚至达几十 kHz，远远高于 PLC 程序扫描频率，这时一般的计数器已经无能为力，PLC 对于这样的高速脉冲输入信号计数采用的是与程序扫描周期无关的中断方式来实现的。本书只介绍一般用途计数器。

**1. 计数器种类和编号**

S7-200 PLC 的计数器有 3 种：增计数器 CTU、增减计数器 CTUD 和减计数器 CTD。

计数器的编号用计数器名称和数字（0～255）组成，即 C×××，如 C6。计数器的编号包含两方面的信息：计数器的位和计数器当前值。计数器位和继电器一样是一个开关量，表示计数器是否发生动作的状态。当计数器的当前值达到设定值时，该位被置位为 ON。计数器当前值是一个存储单元，它用来存储计数器当前所累计的脉冲个数，用 16 位符号整数来表示，最大数值为 32 767。

计数器的设定值输入数据类型为 INT 型。寻址范围为 VW、IW、QW、MW、SW、SMW、LW、AIW、T、C、AC、＊VD、＊AC、＊LD 和常数。一般情况下使用常数作为计数器的设定值。

**2. 计数器指令使用说明**

计数器指令的 LAD 和 STL 格式如表 4-7 所示。

**表 4-7　　计数器指令的 LAD 和 STL 形式**

| 格式 | 名称 | | |
| --- | --- | --- | --- |
| | 增计数器 | 增减计数器 | 减计数器 |
| LAD | ????<br>CU　CTU<br>R<br>????—PV | ????<br>CU　CTUD<br>CD<br>R<br>????—PV | ????<br>CU　CTD<br>LD<br>????—PV |
| STL | CTU C＊＊＊，PV | CTUD C＊＊＊，PV | CTD C＊＊＊，PV |

（1）增计数器 CTU(Count Up)。首次扫描时，计数器位为 OFF，当前值为 0。在计数脉冲输入端 CU 的每个上升沿，计数器计数 1 次，当前值增加一个单位。当前值达到设定值时，计数器位 ON，当前值可继续计数到 32 767 后停止计数。复位输入端有效或对计数器执行复位指令，计数器复位，即计数器位为 OFF，当前值为 0。图 4-12 所示为增计数器的用法。需要注意，在语句表中，CU、R 的编程顺序不能错误。

（2）减计数器 CTD（Count Down）。首次扫描时，计数器位为 OFF，当前值为预设定值 PV。对 CD 输入端的每个上升沿计数器计数 1 次，当前值减少一个单位，当前值减小到 0 时，计数器位置位为 ON，当前值停止计数保持为 0。复位输入端有效或对计数器执行复位指令，计数器复位，即计数器位 OFF，当前值复位为设定值。图 4-13 所示为减计数器的用法。

（3）增、减计数器 CTUD（Count Up/Down）。增减计数器有两个计数脉冲输入端：CU 输入端用于递增计数，CD 输入端用于递减计数。首次扫描时，定时器位为 OFF，当前值为 0。CU 输入的每个上升沿，计数器当前值增加 1 个单位；CD 输入的每个上升沿，都使计数器当前值减小 1 个单位，当前值达到设定值时，计数器位置位为 ON。

增减计数器当前值计数到 32 767（最大值）后，下一个 CU 输入的上升沿将使当前值

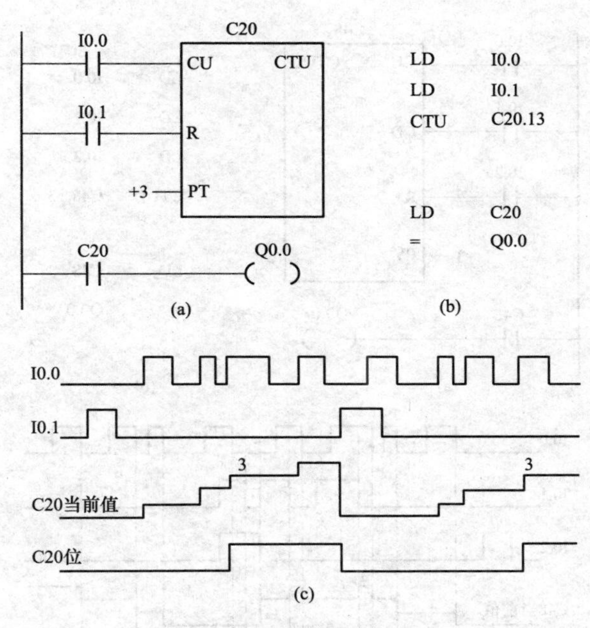


图 4-12　增计数器指令

（a）梯形图；（b）语句表；（c）时序图

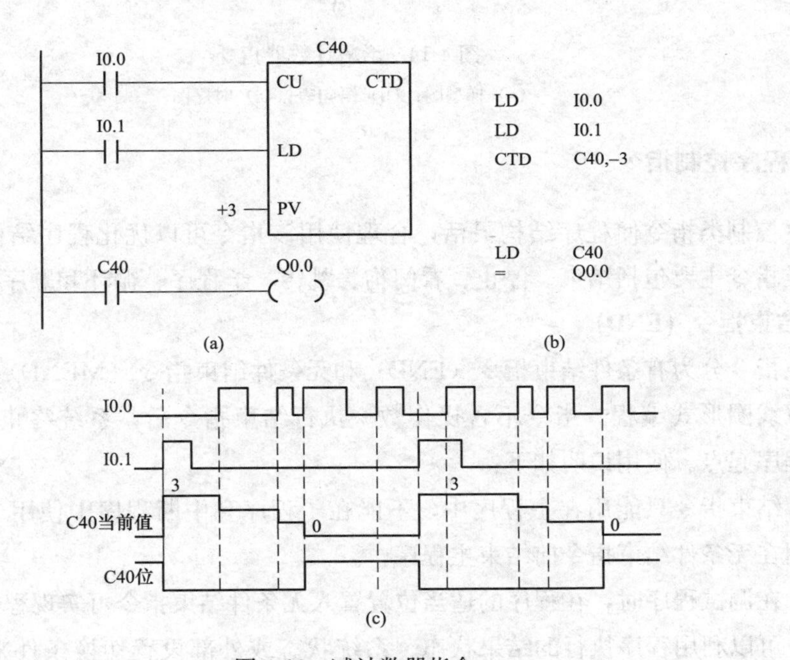


图 4-13　减计数器指令

（a）梯型图；（b）语句表；（c）时序图

跳变为最小值（－32 768）；当前值达到最小值－32 768 后，下一个 CD 输入的上升沿将使当前值跳变为最大值 32767。复位输入端有效或使用复位指令对计数器执行复位操作后，计数器复位，即计数器位 OFF，当前值为 0。图 4-14 所示为增、减计数器的用法。

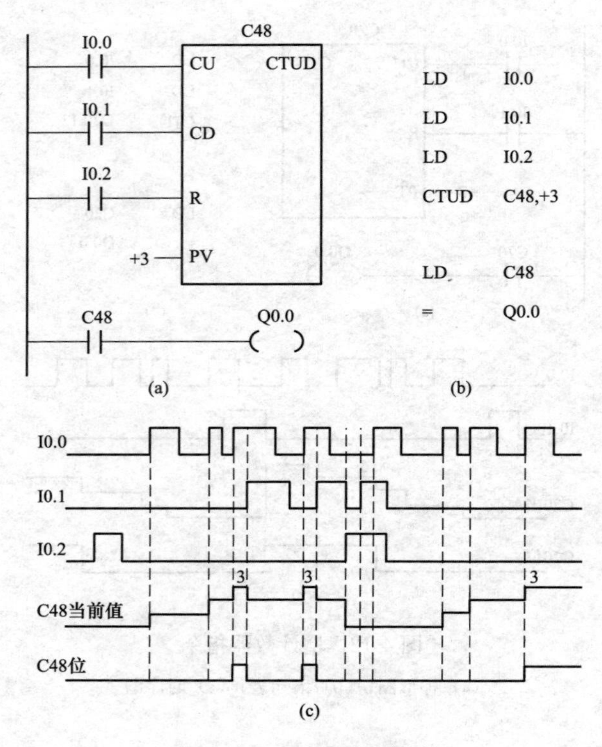


图 4-14 增减计数器指令

（a）梯型图；（b）语句表；（c）时序图

### 4.5.8 程序控制指令

程序控制类指令使程序结构灵活，合理使用该指令可以优化程序结构，增强程序功能。这类指令主要包括结束、停止、看门狗、跳转、子程序、循环和顺序控制等指令。

**1. 结束指令（END）**

结束指令分为有条件结束指令（END）和无条件结束指令（MEND）。两条指令在梯形图中以线圈形式编程。指令不含操作数。执行结束指令后，系统终止当前扫描周期，返回主程序起点。使用说明如下：

（1）结束指令只能用在主程序中，不能在子程序和中断程序中使用。而有条件结束指令可用在无条件结束指令前结束主程序。

（2）在调试程序时，在程序的适当位置置入无条件结束指令可实现程序的分段调试。

（3）可以利用程序执行的结果状态、系统状态或外部设置切换条件来调用有条件结束指令，使程序结束。

（4）使用 Micro/Win32 编程时，编程人员不需手工输入无条件结束指令，该软件会自动在内部加上一条无条件结束指令到主程序的结尾。

**2. 停止指令（STOP）**

STOP 指令有效时，可以使主机 CPU 的工作方式由 RUN 切换到 STOP，从而立即中止用户程序的执行。STOP 指令在梯形图中以线圈形式编程。指令不含操作数。

STOP 指令可以用在主程序、子程序和中断程序中。如果在中断程序中执行 STOP 指令，则中断处理立即中止，并忽略所有挂起的中断。继续扫描程序的剩余部分，在本次扫描周期结束后，完成将主机从 RUN 到 STOP 的切换。

STOP 和 END 指令通常在程序中用来对突发紧急事件进行处理，以避免实际生产中的意外损失。

**3. 看门狗复位指令 WDR（Watchdog Reset）**

WDR 称为看门狗复位指令，也称为警戒时钟刷新指令。它可以把警戒时钟刷新，即延长扫描周期，从而有效地避免看门狗超时错误。WDR 指令在梯形图中以线圈形式编程，无操作数。

使用 WDR 指令时要特别小心，如果因为使用 WRD 指令而使扫描时间拖得过长（如在循环结构中使用 WDR），那么在中止本次扫描前，下列操作过程将被禁止：

（1）通信（自由口除外）。

（2）I/O 刷新（直接 I/O 除外）。

（3）强制刷新。

（4）SM 位刷新（SM0、SM5 — SM29 的位不能被刷新）。

（5）运行时间诊断。

（6）扫描时间超过 25s 时，使 10ms 和 100ms 定时器不能正确计时。

（7）中断程序中的 STOP 指令。

注意：如果希望扫描周期超过 300ms，或者希望中断时间超过 300ms，则最好用 WDR 指令来重新触发看门狗定时器。结束指令、停止指令和 WDR 指令的用法如图 4-15 所示。

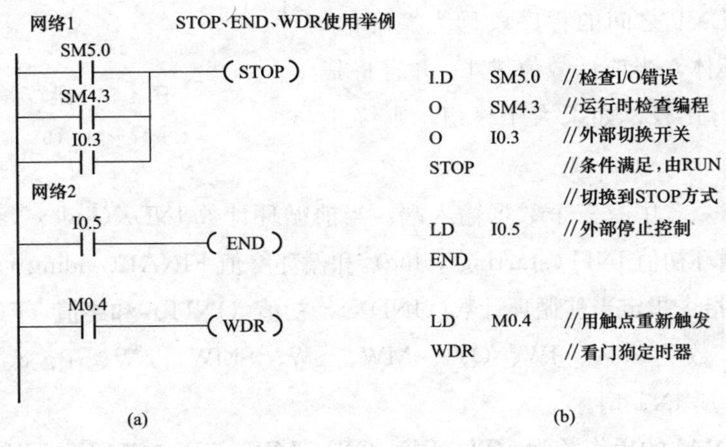


图 4-15　结束、停止及看门狗指令

（a）梯形图；（b）语句表

**4. 跳转及标号指令**

跳转指令可以使 PLC 编程的灵活性大大提高，可根据对不同条件的判断，选择不同的程序段执行程序。

跳转指令 JMP（Jump to Label）指当输入端有效时，使程序跳转到标号处执行。

标号指令 LBL（Label）指令跳转的目标标号。操作数 $n$ 为 0～255。

使用说明如下：

（1）跳转指令和标号指令必须配合使用，而且只能使用在同一程序段中，如主程序、同一个子程序或同一个中断程序。不能在不同的程序段中互相跳转。

（2）执行跳转后，被跳过程序段中的各元器件的状态：

1）Q、M、S、C 等元器件的位保持跳转前的状态；

2）计数器 C 停止计数，当前值存储器保持跳转前的计数值；

3）对定时器来说，因刷新方式不同而工作状态不同。在跳转期间，分辨率为 1ms 和 10ms 的定时器会一直保持跳转前的工作状态，继续原来的工作，到设定值后其位的状态也会改变，输出触点动作，其当前值存储器一直累积到最大值 32 767 才停止。对分辨率为 100ms 的定时器来说，跳转期间停止工作，但不会复位，存储器里的值为跳转时的值，跳转结束后，若输入条件允许，可继续计时，但已失去了准确计时的意义。所以在跳转段里的定时器要慎用。跳转指令的使用方法如图 4-16 所示。

**5. 循环指令（FOR 和 NEXT）**

循环指令的引入为解决重复执行相同功能的程序段提供了极大方便，并且优化了程序结构。循环指令有两条：循环开始指令 FOR，用来标记循环体的开始，用指令盒表示；循环结束指令 NEXT，用来标记循环体的结束。无操作数。

FOR 和 NEXT 之间的程序段称为循环体，每执行一次循环体，当前计数值增 1，并且将其结果同终值进行比较，如果大于终值，则终止循环。

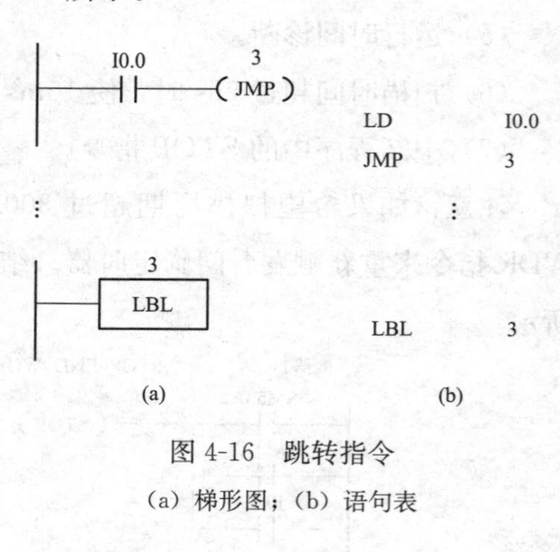

图 4-16 跳转指令

（a）梯形图；（b）语句表

循环开始指令盒中有三个数据输入端：当前循环计数 INDX(index value or current loop count)、循环初值 INIT(starting value) 和循环终值 FINAL(ending value)。在使用时必须给 FOR 指令指定当前循环计数（INDX）、初值（INIT）和终值（FINAL）。

INDX 操作数为 VW、IW、QW、MW、SW、SMW、LW、T、c、AC、∗VD、∗AC 和∗CD，属 INT 型。

INIT 和 FINAI 的操作数为 VW、IW、QW、MW、SW、SMW、LW、T、C、AC、常数、∗VD、∗ AC 和∗CD，属 INT 型。

循环指令使用如图 4-17 所示。当 I1.0 接通时，表示为 A 的外层循环执行 100 次。当 I1.1 接通时，表示为 B 的内层循环执行 2 次。使用说明如下：

（1）FOR、NEXT 指令必须成对使用。

（2）FOR 和 NEXT 可以循环嵌套，嵌套最多为 8 层，但各个嵌套之间不可有交叉现象。

（3）每次使能输入（EN）重新有效时，指令将自动复位各参数。

（4）初值大于终值时，循环体不被执行。

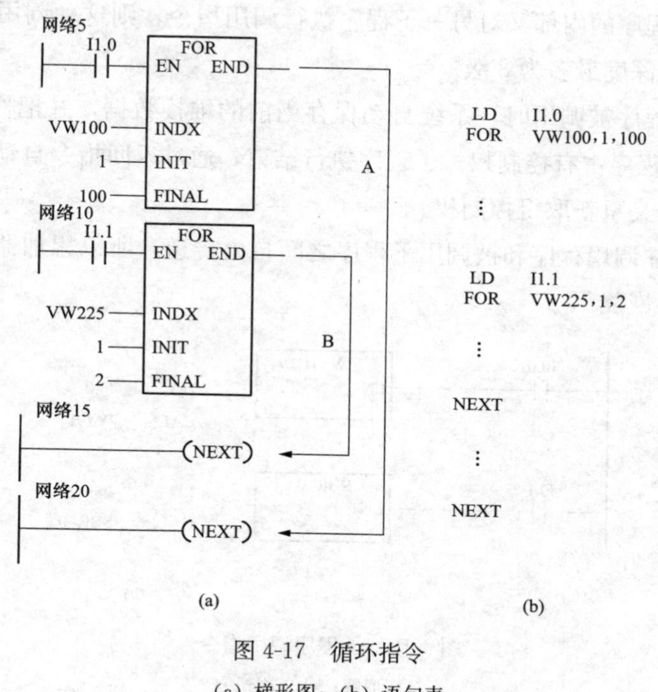


图 4-17　循环指令

（a）梯形图；（b）语句表

**6. 子程序**

子程序在结构化程序设计中是一种方便有效的工具。S7-200 PLC 的指令系统具有简单、方便、灵活的子程序调用功能。与子程序有关的操作有：建立子程序、子程序的调用和返回。

（1）建立子程序。建立子程序是通过编程软件来完成的。可用编程软件“编辑”菜单中的“插入”选项，选择“子程序”，以建立或插入一个新的子程序，同时，在指令树窗口可以看到新建的子程序图标，默认的程序名是 SBR _ N，编号 $N$ 从 0 开始按递增顺序生成，也可以在图标上直接更改子程序的程序名，把它变为更能描述该子程序功能的名字。在指令树窗口双击子程序的图标就可进入子程序，并对它进行编辑。

（2）子程序调用指令 CALL 和子程序条件返回指令 CRET。在子程序调用指令 CALL 使能输入有效时，主程序把程序控制权交给子程序。子程序的调用可以带参数，可以不带参数。它在梯形图中以指令盒的形式编程。

在子程序条件返回指令 CRET 使能输入有效时，结束子程序的执行，返回主程序中（此子程序调用的下一条指令）。梯形图中以线圈的形式编程，指令不带参数。

（3）应用举例。图 4-18 所示的程序实现用外部控制条件分别调用两个子程序。使用说明如下：

1）CRET 多用于子程序的内部，由判断条件决定是否结束子程序调用，RET 用于子程序的结束。用 Micro/Win32 编程时，编程人员不需要手工输入 RET 指令，而是由软件自动加在每个子程序结尾。

2）如果在子程序的内部又对另一子程序执行调用指令，则这种调用称为子程序的嵌套。子程序的嵌套深度最多为 8 级。

3）当一个子程序被调用时，系统自动保存当前的堆栈数据，并把栈顶置 1，堆栈中的其他值为 0，子程序占有控制权。子程序执行结束，通过返回指令自动恢复原来的逻辑堆栈值，调用程序又重新取得控制权。

4）累加器可在调用程序和被调用子程序之间自由传递，所以累加器的值在子程序调用时既不保存也不恢复。

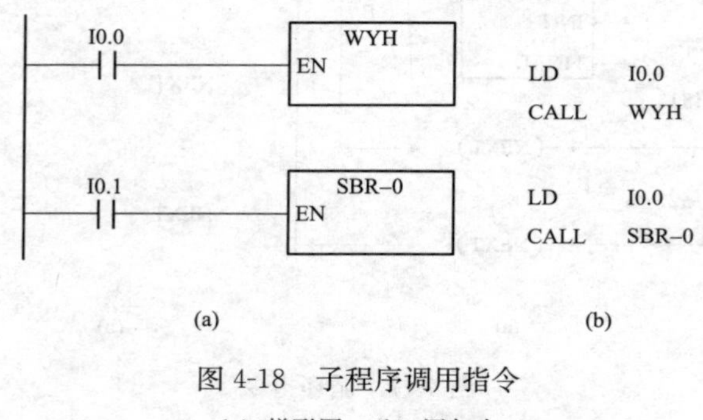


图 4-18　子程序调用指令

（a）梯形图；（b）语句表

## 思　考　题

1. S7-200 PLC 指令中，最大定时时常为多少？如果想获得比这个时间还要长的时间怎么办？

2. S7-200 PLC 指令中，最大计数个数为多少？如果想获得一个比该数目大的计数怎么办？

# 第5章 S7-200 PLC系统设计

## 5.1 PLC控制系统总体设计

PLC控制技术是一种用于工程实际的应用技术，在不同的控制场合的应用十分广泛，虽然PLC是一种可靠性很高的工业控制装置，但如果使用不当，同样会产生这样那样的问题，因此PLC系统设计的水平将直接影响到控制系统的功能、设备的运行可靠性。因此，如何根据不同的控制要求设计出运行稳定，动作可靠，安全实用，操作简单，调试方便，维护容易的控制系统，是PLC应用设计的主要工作。

### 5.1.1 控制系统设计原则

控制系统的设计必须以满足生产工艺要求，保证系统安全准确可靠运行为原则，并通过科学的方法与现代化的手段进行合理的规划与认真设计，在PLC控制系统中应遵循如下基本设计原则：

(1) 实现设备、生产机械、生产工艺所要求的全部动作。

(2) 满足设备、生产机械对产品的加工质量以及生产效率的要求。

(3) 确保系统安全、稳定、可靠地工作。

(4) 尽可能地简化系统的结构，降低各种成本。

(5) 充分提高自动化程度减轻劳动强度。

(6) 改善操作性能，便于维修。

在上述系统设计原则中，最为重要的是要满足控制要求、确保系统可靠性、简化系统结构这三个方面。

**1. 满足控制要求**

作为一种工业控制要求系统，PLC控制系统是为满足控制对象的各项控制要求，使其达到设计的性能指标而采用的一种现代化的控制方法与手段。

系统设计必须确保能实现对象的全部动作，满足对象的各项技术要求。因此在进行系统设计前，设计人员必须深入生产现场或通过认真研究对象的机械、气动、液压、电气等工作原理的方法，充分了解设备，生产机械需要实现动作，应具备的功能，并掌握设备中各种执行元件的性能与参数，以方便有效地开展设计 工作。在此基础上，设计人员应首先规划系统控制的总体方案，确定每户所必须具备的功能，总体结构选定总体结构，选定关键组成部件，明确为了实现不同控制要求需要在系统采取的措施。

总体方案设计完成后，设计人员应会同机械气动、液压设计人员、操作者、用户、供应商等对总体方案设计进行评审，并取得项目部门与技术人员，操作者的认可，在充分听取各方面意见的基础上，设计者决定是否需要对设计方案进行修改，当方案有重大更改时，在方案修改完成之后，还应再次进行总体方案的评审。

**2. 确保可靠性**

在系统总体方案确定后的技术设计阶段，设计人员必须首先考虑系统的安全性与可靠性，确保控制系统能够长时间有效地安全稳定可靠地工作。

系统的安全性能包括操作人员安全与设备安全两大方面。

系统的设计必须符合各种相关安全标准的规定，在设计中应充分考虑各种安全防护措施，如安全电路，安全防护，而且对于涉及人身安全的部件，必须在电气控制系统设计时进行严格的动作互锁，严防发生危及操作者安全事故。

设备安全是设计者必须考虑的问题，尤其重要，设备运行出现部件故障或其他原因的紧急停机的情况，控制系统的动作迅速可靠安全。

对于某些执行元件的动作，如电机的正反转接触器等，应进行严密的互锁，这些互锁不仅在 PLC 用户程序中进行，必须还要在强电控制中进行互锁得到同样的保证。以防发生危及设备安全的事故。

控制系统运行的稳定性与可靠性是系统设计成败的关键。控制系统的动作不可靠，不仅会导致设备运行故障，影响加工产品的质量和生产效率，而且会引起安全事故。

在保证安全性要求前提下，尽可能简化结构简化线路简化程序这不仅可以降低成本，而且是提高系统可靠性的重要措施，严格执行 PLC 设计规范与要求进行设计，按照 PLC 的安装要求进行安装，规范布线，对用户程序进行多方面检查与试验，采取正确抗干扰措施等，都是提高系统可靠性的重要手段。

**3. 简化系统**

在能够完全满足控制对象的各项控制要求下，系统设计应具备良好的操作性能，为操作者提供良好的界面，尽可能为操作，使用者提供便利，设计不但要考虑人机工程学，而且尽可能减少不必要的控制按钮等操作元件数量，简化操作过程，设备的操作过程应简洁明了、方便、容易。简化系统结构不仅仅是降低生产制造商成本的需要，而且也是提高系统可靠性的重要措施。简化系统包括简化操作简化线路、简化程序等。

系统控制线路的设计必须简单可靠，应尽可能减少不必要的连线，简单实用的控制线路，不仅可以降低成本，更重要的是它是可以提高系统工作的可靠性，方便使用与维修。

PLC 用户程序尽量简化，使用的指令应简洁、明了，采用梯形图编程时，应尽可能减少不必要的辅助继电器、触点的使用量。过多的辅助继电器、触点不仅影响程序的执行速度，延长循环扫描时间，而且会给程序的检查，阅读带来不必要麻烦，影响调试、维修进度。要杜绝人为地程序复杂化和有意为他人理解程序增加困难的现象。

### 5.1.2　控制系统设计阶段

与绝大多数计算机控制系统设计一样，PLC 控制系统的工程设计一般可以分为系统规划（总体设计）、硬件设计、软件设计、系统调试、技术文件编制这五个基本阶段。

（1）系统规划。系统规划（总体设计）为设计的第一步。系统规划应根据控制要求与功能，确定系统的实现措施，由此确定系统的总体结构与组成，系统规划包括：选择 PLC 的型号、规格、确定 I/O 模块的数量与规格；选择特殊功能模块；选择人机界面、伺服驱动器、变频器、调速装置等。

（2）硬件设计。硬件设计时在系统规划（总体设计）完成后的技术设计，在这一阶段，设计人员需要根据总体方案完成电气控制原理图、连接图、元件布置图等基本图样的设计工作。

（3）软件设计。PLC 控制系统的软件设计主要是编制 PLC 用户程序、特殊功能模块、控制软件、确定 PLC 以及功能模块的设定参数（如需要）等，它可以与系统电器元件安装柜、操作台的制作、元器件的购买同步进行。软件设计应根据所确定的总体方案与已经完成的电气控制原理图，按照原理图所确定的 I/O 地址，编写实现控制要求与功能的 PLC 用户程序，为了方便调试、维修，通常需要在软件设计阶段同时编写出程序说明书和 I/O 地址表、注释表等辅助文件。

（4）现场调试。PLC 的现场调试是检查、优化 PLC 控制系统硬件、软件设计，提高控制系统可靠性的重要步骤。为了防止调试过程中可能出现的问题，确保调试工作的顺利进行，现场调试应在完成控制系统的安装、连接、用户程序编制后，按照调试前的检查，硬件调试、软件调试、空运行试验、可靠性试验、实际运行试验等规定的步骤进行。

（5）技术文件编制。在设备安全、可靠性得到确认后，设计人员可以着手进行系统技术文件的编制工作，如修改电气原理图、连接图、编写设备操作、使用说明书，备份 PLC 用户程序，记录调整、设定参数等。文件的编写应正确、全面，必须保证图与实物一致，电气原理图、用户程序、设定参数必须为调试完成后的最终版本。

### 5.1.3　PLC 相关设计、选型、接口模块、电源等的处理

#### 1. 机型选择

机型的选择主要是指在功能上如何满足自己需要，而不浪费机器容量。选择机型前，首先要对控制对象进行下面估计：有多少开关量输入，电压分别为多少，有多少开关量输出，输出功率为多少；有多少模拟量输入和模拟量输出；是否有特殊控制要求，如高

速计数器；现场对控制器响应速度有何要求；机房与现场分开还是在一起等。

在功能满足要求的前提下，选择最可靠、维护使用最方便以及性能价格最优的机型。通常的做法是：在工艺过程比较固定、环境条件较好的场合，选用整体式结构的 PLC；其他情况则最好选用模块式结构的 PLC；对于开关量控制以及以开关量控制为主、带少量模拟量控制的，一般其控制速度无须考虑，因此选用带 A/D 转换，D/A 转换，加减运算、数据传送功能的低档机就能满足要求；而控制比较复杂，控制功能要求比较高的（如要实现 PID 运算、闭环控制、通信联网等），可根据控制规模及复杂程度来选用中档或高档机（其中高档机主要用于大规模过程控制，全 PLC 的分布式控制系统以及整个工厂的自动化等）。

应该注意的是，同一个企业应尽量做到机型统一，这样同一个机型的 PLC 模块可互为备用，便于备品备件的采购和管理；同时，其统一的功能及编程方法也有利于技术力量的培训、技术水平的提高和功能的开发；此外，由于其外部设备通用，资源可以共享，因此配上计算机后即可把控制各独立系统的多台 PLC 联成一个 DCS 系统，这样便于相互通信，集中管理。

**2. I/O 的选择**

PLC 与工业生产过程的联系是通过 I/O 接口模块来实现的，PLC 有许多 I/O 接口模块，包括开关量输入模块、开关量输出模块、模拟量输入模块、模拟量输出模块以及其他一些特殊模块，使用时应根据它们的特点进行选择。

（1）确定 I/O 点数。不同的控制对象所需要的 I/O 点数不同，一些典型的传动设备及常用的电气元件所需 PLC 的 I/O 点数是固定的，如一个单线圈电磁阀用 2 个输入点，一个输出点；一个按钮需一个输入点；一个信号灯占用一个输出点等，但对于同一个控制对象，由于采用的控制方法不同或编程水平不同，I/O 点数也应有所不同。根据控制系统的要求确定所需的 I/O 点数时，应再增加 10%～20%的备用量，以便随时增加控制功能。

（2）开关量 I/O。开关量 I/O 接口可以从传感器和开关（如按钮、限位开关等）及控制设备（如指示灯、报警器、电动机启动器等）接收信号。典型的交流 I/O 信号为 24～240V，直流 I/O 信号为 5～240V。尽管输入电路因制造厂家不同而不同，但有些特性是相同的，如用于消除错误信号的抖动电路等。此外，大多数输入电路在高压电源输入和接口电路的控制逻辑部分之间都没有可选的隔离电路。在评估离散输出时，应考虑熔丝、瞬时浪涌保护和电源与逻辑电路间的隔离电路。

（3）模拟量 I/O。模拟量 I/O 接口一般用来感知传感器产生的信号。这些接口可用于测量流量、温度和压力，并可用于控制电压或电流输出设备。其典型量程为－10～＋10V、0～＋11V、4～20mA 或 10～50mA。一些制造厂家在 PLC 上设计有特殊模拟接口，因而可以接收低电平信号，如 RTD、热电偶等。这类接口模块可用于接收同一模块上不同类型的热电偶或 RTD 混合信号。

（4）特殊功能 I/O。在选择一台 PLC 时，用户可能会面临一些特殊类型且不能用标准 I/O 实现的 I/O 限定，如定位、快速输入、频率等。此时应考虑供销厂商是否提供特殊的有助于最大限度减小控制作用的模块。有些特殊接口模块自身能处理一部分现场数据，从而使 CPU 从耗时的任务中解脱出来。

（5）智能式 I/O。大型 PLC 的生产厂家相继推出了解决典型工艺过程的智能式的 I/O 模块，例如 PID 控制模块等。这些智能模块本身带有处理器，可对输入或输出信号作预先规定的处理，并将处理结果送入 CPU 或直接输出，这样可以提高 PLC 的处理速度并节省存储器的容量。

**3. 存储器类型及容量选择**

PLC 系统所使用的存储器由 ROM 和 RAM 组成，存储容量则随机器的大小变化，一般小型机最大存储能力低于 6KB，中型机的最大存储能力可达 64KB，大型机的最大存储能力可上兆字节。使用时可根据程序及数据的存储需要来选用合适的机型，必要时也可专门进行存储器的扩充设计。

PLC 的存储器容量选择要受到内存利用率、开关量的 I/O 点数、模拟量的 I/O 点数和用户的编程水平这四个因素的影响。存储容量计算的第一种方法是：根据编程使用的节点数精确计算存储器的实际使用容量。第二种为估算法，用户可根据控制规模和应用目的来估算，总存储字数＝(开关量输入点＋开关量输出点)×10＋模拟量点数×150，然后按计算存储器字数的 25％考虑裕量。为了使用方便，一般应留有 25％～30％的裕量。获取存储容量的最佳方法是生成程序，即用了多少字，知道每条指令所用的字数，用户便可以确定准确的存储容量。

**4. 编程器和电源模块选择**

在系统的实现过程中，PLC 的编程问题是非常重要的。用户应当对所选择 PLC 产品的软件功能及编程器有所了解。小型控制系统一般选用价格便宜的简易编程器，如果系统较大或多台 PLC 共用，可以选用功能强，编程方便的图形编程器。如果有个人计算机，可以选用能在个人计算机上运行的编程软件包。同时，为了防止因干扰、锂电池电压下降等原因破坏 RAM 中的用户程序，可以选用 EEPROM 模块作为外部设备。

对于结构为模块式的 PLC，电源模块和额定电流必须大于或等于主机、I/O 模块、专用模块等总的消耗电流之和。当使用专用机架时，从主机架电源模块到最远一个扩展机架的线路压降必须小于 0.25V。

## 5.2　程序设计和总装统调

在确定控制对象的控制任务、选择好 PLC 的机型后，就可以进行控制系统的流程设计，画出流程图，进一步说明各信息流之间的关系，然后具体安排 I/O 的配置，并对 I/O 进行地址编号。I/O 地址编号确定后，再画出 PLC 端子和现场信号联络图表，进行系统设计即可将硬件设计和程序编写二项工作平行进行，编写程序的过程就是软件设计过程。

用户编写的程序在总装统调前需要进行模拟调试。用装在 PLC 上的模拟开关模拟输入信号的状态，用输出点的指示灯模拟被控对象，检查程序无误后便把 PLC 接到系统里，进行总装统调，如果统调达不到指标要求则可对硬件和软件进行调整，全部调试结束后，一般将程序固化在有长久记忆功能的 EPROM 盒中长期保存。

## 5.3 PLC 的抗干扰措施

由于 PLC 是专为工业环境而设计的控制装置，应该具有很强的抗干扰功能，但是如果环境过于恶劣，电磁干扰特别强烈或安装使用不当都不能保证系统的正常运行，干扰会造成 PLC 误动作或使 PLC 内部数据丢失，甚至使系统失控，所以在系统设计时，应采取硬件措施再配合软件措施，以提高 PLC 的可靠性和抗干扰能力。

### 5.3.1 硬件措施

（1）屏蔽：对电源变压器、CPU、编程器等主要部件，采用导电、导磁良好的材料进行屏蔽，以防外界干扰。

（2）滤波：对供电系统及输入线路采用多种形式的滤波，以消除或抑制高频干扰，也削弱了各种模块之间的相互影响。

（3）电源调整与保护：对 CPU 这个核心部件所需的＋5V 电源，采用多级滤波，并用集成电压调整器进行调整，以适应交流电网的波动和过电压、欠电压的影响。

（4）隔离：在 CPU 与 I/O 电路间，采用光电隔离措施，有效隔离 I/O 间的电联系，减少故障误动作。

（5）采用模块式结构：这种结构有助于在故障情况下短时修复。因为一旦查处某一模块出现故障，就能迅速更换，使系统恢复正常工作，也有助于加快查找故障原因。

### 5.3.2 软件措施

故障检测：PLC 本身有很完善的自诊断功能，但在工程实践中，PLC 的 I/O 元件如限位开关、电磁阀、接触器等的故障率远远高于 PLC 的本身故障率，这些元件出现故障后，PLC 一般不会察觉出来，不会立即停机，这会导致多个故障相继发生，严重时会造成人身设备事故，停机后查找故障也要花费大量时间。为方便检测故障可用梯形图程序实现，这里介绍一种逻辑组合判断法：系统正常运行时，PLC 的输入和输出信号之间存在着确定的关系，因此根据输出信号的状态与控制过程间的逻辑关系来判断设备运行是否正常。

信息保护和恢复：当偶发性故障条件出现时，不破坏 PLC 内部的信息，一旦故障条件消失，就可以恢复正常继续原来的工作。所以，PLC 在检测故障条件时，立即把现状态存入存储器，软件配合对存储器进行封闭，禁止对存储器的任何操作，以防存储器信息被冲掉，一旦检测到外界环境正常后，便可恢复到故障发生前的状态，继续原来的程序工作。

设置警戒时钟 WDT：机械设备的动作时间一般是不变的，可以以这些时间为参考，当 PLC 发出控制信号，相应地执行机械动作，同时启动一个定时器，定时器的设定值比正常情况下机械设备的动作时间长 20%，若时间到，PLC 还没有收到执行机构动作结束信号，则启动报警。

提高输入信号的可靠性：由于电磁干扰、噪声、模拟信号误差等因素的影响，会引起输入信号的错误，引起程序判断失误，造成事故，例如按钮的抖动、继电器触点的瞬间跳动都会引起系统误动作，可以采用软件延时去抖。对于模拟信号误差的影响可采取对模拟信号连续采样三次，采样间隔根据 A/D 转换时间和该信号的变化频率而定，三个数据先后存放在不同的数据寄存器中，经比较后取中间值或平均值作为当前输入值。

## 5.4　PLC 控制系统设计示例

### 1. 三相异步电动机的星形-三角形启动

三相电机绕组接成三角形时，每相绕组所承受的电压是电源的电压（380V），而接成星形时每相绕组所承受的电压是电源的相电压（220V）。因此对于正常运行时定子绕组接成三角形的笼型异步电动机，启动时将电机的定子绕组接成星形，加在电动机每相绕组上的电压为额定电压的$\frac{1}{\sqrt{3}}$，这样的话就减小了启动电流。待电机转速接近额定转速时切换成三角形连接，控制线路如图 5-1 所示。

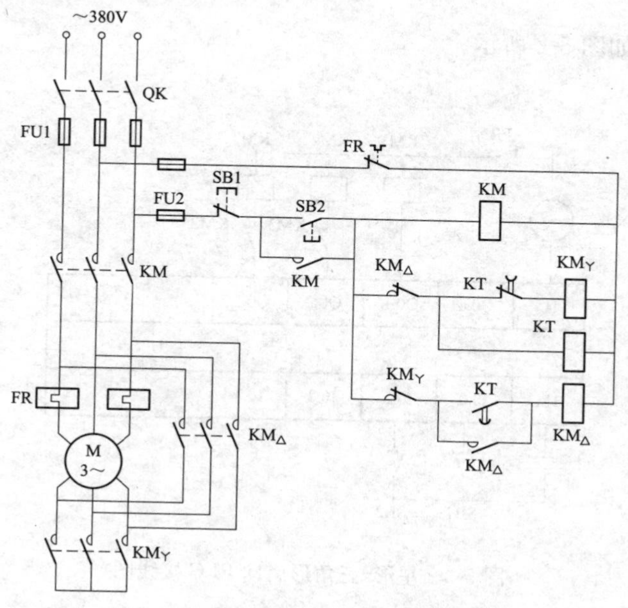


图 5-1　星形-三角形减压启动控制线路图

启动的整个流程如下：

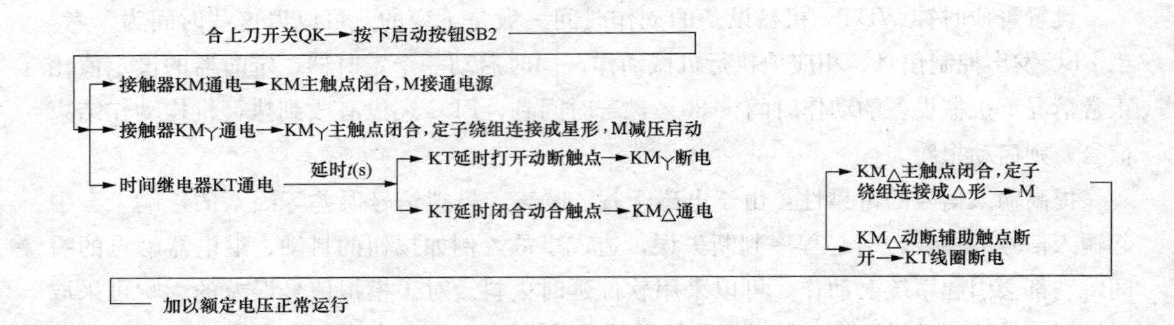


本例选用 S7-200 PLC（CPU 222）进行三相异步电动机的星形-三角形启动。输入/输出分配表如表 5-1 所示。

**表 5-1** 输入/输出分配表

| | | |
|---|---|---|
| 输入 | 停止按钮 SB1 | I0. 0 |
| | 启动按钮 SB2 | I0. 1 |
| 输出 | 接触器 KM1 | Q0. 1 |
| | 接触器 KM2 | Q0. 2 |
| | 接触器 KM3 | Q0. 3 |

PLC 控制接线如图 5-2 所示。

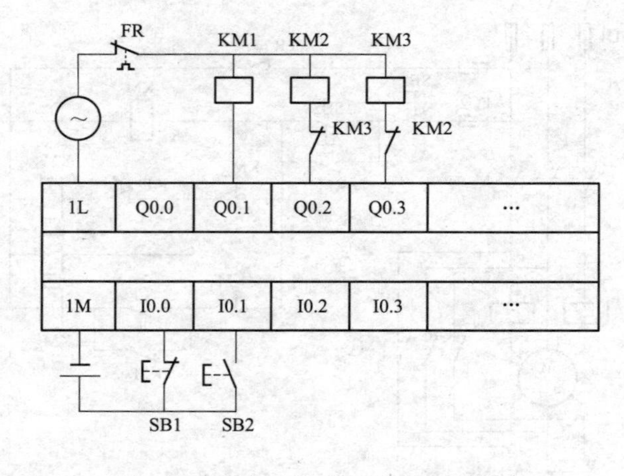


图 5-2 星形-三角形启动 PLC 接线图

梯形图如图 5-3 所示。

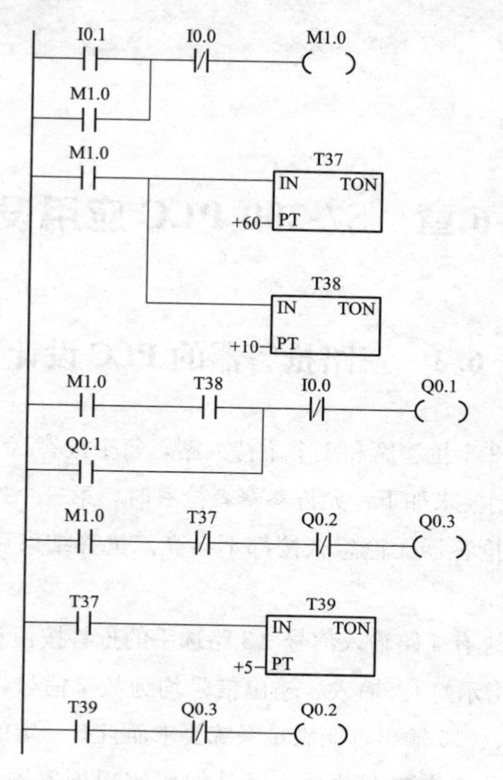


图 5-3　电动机星形-三角形启动梯形图

在图中，电动机由接触器 KM1、KM2、KM3 控制，其中 KM3 将电动机定子绕组接成星形，KM2 将电动机定子绕组接成三角形。显然 KM2 与 KM3 不能同时闭合，否则电源将产生短路。另外在程序设计时需要考虑星形向三角形切换的时间，需要等到电机一个方向的运转完全停下来时才能允许另一方向的接触器接通。

1. PLC 系统设计一般要注意的原则有哪些？其中最关键的是哪几个？
2. PLC 控制系统的工程设计一般可以分为哪几个基本阶段？
3. 本例中，如果要求每隔固定的时间自动正反转切换，那么如何写梯形图？

# 第 6 章　S7-200 PLC 应用设计

## 6.1　三路抢答器的 PLC 设计

某三路抢答器中有 3 个抢答席和 1 个主持人席，每个抢答席上各有 1 个抢答器按钮和 1 个抢答指示灯。其控制要求如下：允许参赛者抢答时，第一个按下抢答按钮后自身的指示灯亮，而且另外两个抢答器无论怎么按都不会亮。抢答结束后，主持人按下复位按钮后，指示灯熄灭。

很显然，本控制系统有 4 路输入信号（3 路选手的抢答按钮和主持人的复位按钮）、3 路输出信号（3 个抢答指示灯）。输入、输出信号均为数字信号，所以控制系统可以采用 CPU 224，集成 14 输入、10 输出，能满足系统要求而且有一定的富余量。

抢答器的程序设计要点主要有两处：一是如何实现抢答器指示灯的“自锁”功能。即当第一个抢答席按钮按下后，即使释放抢答按钮，其对应的指示灯仍然亮，直到主持人进行复位才熄灭。二是如何保证第一个抢答席按钮按下后，其他两位选手的操作无效，也就是“互锁”功能。

三路抢答器的 I/O 分配表如表 6-1 所示。三路抢答器的 PLC 的外部接线图和三路抢答器的梯形图分别如图 6-1 和图 6-2 所示。

**表 6-1　　三路抢答器的 I/O 分配表**

| 地址 | 输　入 | 地址 | 输　出 |
| --- | --- | --- | --- |
| I0.0 | SB0 主持人席上的复位按钮 | Q0.1 | L1 抢答席 1 上的指示灯 |
| I0.1 | SB1 抢答席 1 上的抢答按钮 | Q0.2 | L2 抢答席 2 上的指示灯 |
| I0.2 | SB2 抢答席 2 上的抢答按钮 | Q0.3 | L3 抢答席 3 上的指示灯 |
| I0.3 | SB3 抢答席 3 上的抢答按钮 | | |

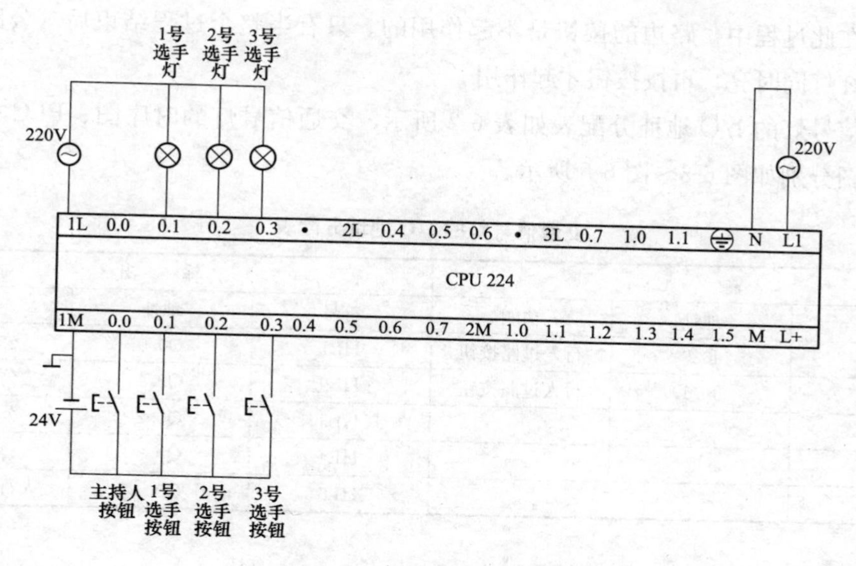


图 6-1　PLC 的外部接线图

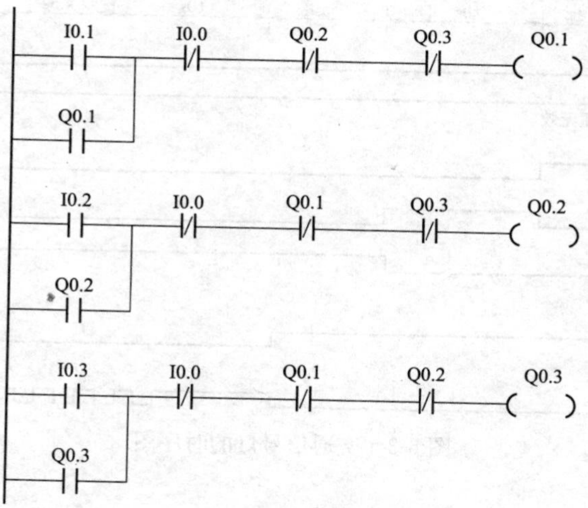

图 6-2　三路抢答器的梯形图

## 6.2　交通信号灯的 PLC 设计

交通信号灯的要求：

（1）没有人穿越公路时，公路绿灯和人行横道的红灯始终都是亮的。

（2）当有人需要穿越公路时按下路边设置的按钮，15s 后公路绿灯灭黄灯亮，再过 10s 后红灯亮。5s 后人行横道红灯灭、绿灯亮 10s 后又闪烁 4s。5s 后红灯又亮，再过 5s，公路红灯灭、绿灯亮。

（3）在此过程中，路边的按钮是不起作用的。只有当整个过程结束后（公路绿灯与人行横道红灯同时亮）再按按钮才起作用。

交通信号灯的 I/O 地址分配表如表 6-2 所示，交通信号灯的时序图、PLC 控制接线图和梯形图分别如图 6-3～图 6-5 所示。

**表 6-2　　　　交通信号灯的 I/O 地址分配表**

| 输入 | | | 输出 | | |
|---|---|---|---|---|---|
| 符号 | 地址 | 功能 | 符号 | 地址 | 功能 |
| SB1 | I0.0 | 行人过路按钮 | HL1 | Q0.0 | 公路绿灯 |
| SB2 | I0.1 | 行人过路按钮 | HL2 | Q0.1 | 公路黄灯 |
| | | | HL3 | Q0.2 | 公路红灯 |
| | | | HL4 | Q0.3 | 人行横道红灯 |
| | | | HL5 | Q0.4 | 人行横道绿灯 |

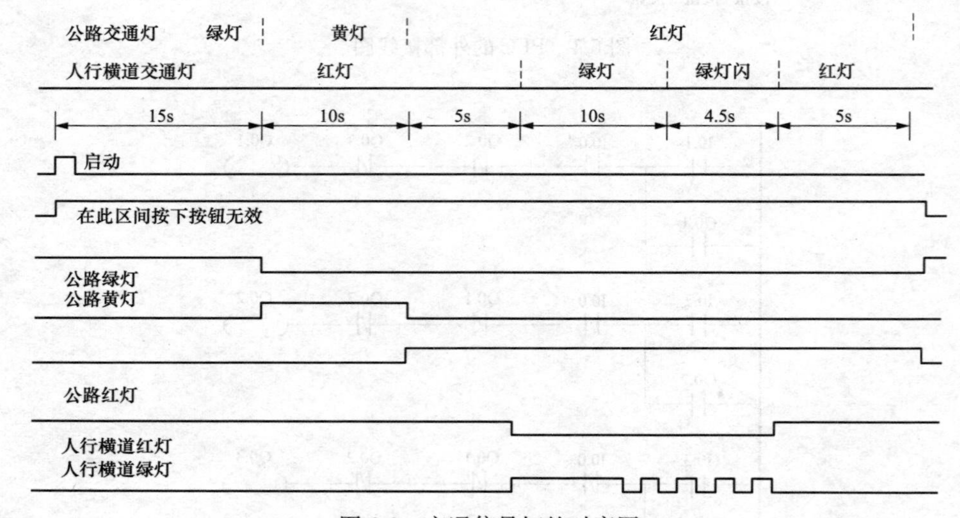


图 6-3　交通信号灯的时序图

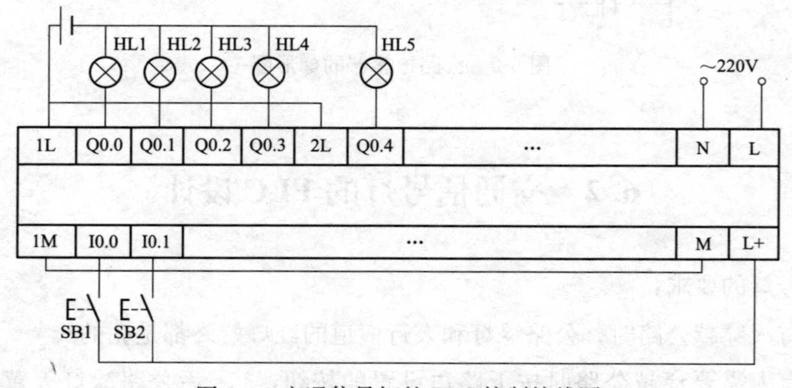


图 6-4　交通信号灯的 PLC 控制接线图

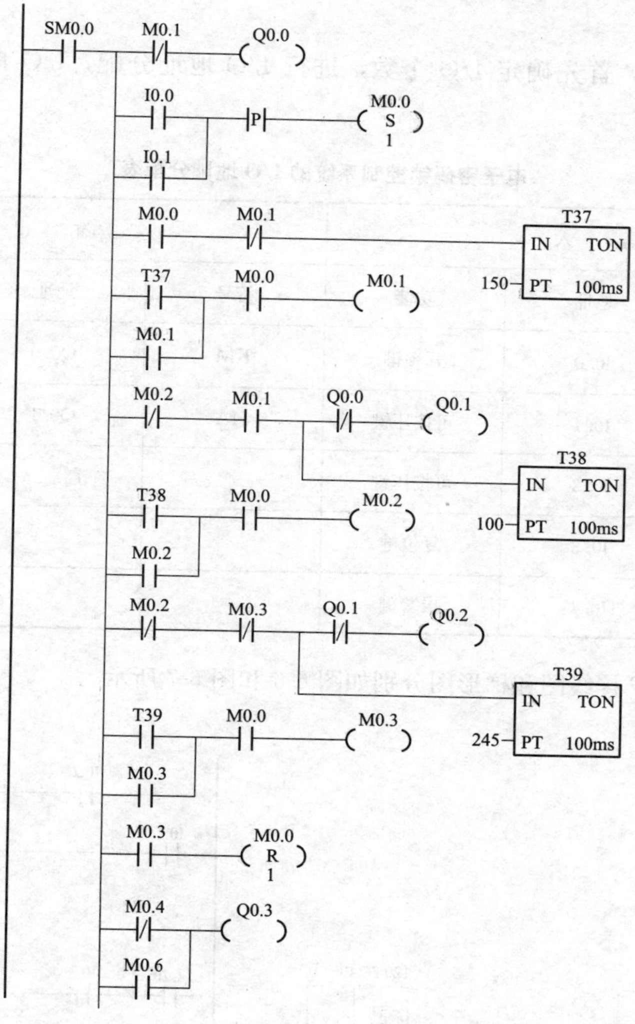

图 6-5　交通信号灯的梯形图

## 6.3　电子密码锁控制系统的 PLC 设计

电子密码锁控制系统的要求：

(1) SB1 为启动键，按下 SB1 后才可以启动开锁环节。

(2) SB2、SB3 为可按压键。开锁条件为：SB2 设定按压次数为 3 次，SB3 设定按压次数为 2 次。但是 SB2、SB3 是有顺序的：先按 SB2 后按 SB3。如果按照上述规定按压，密码锁自动解开。

(3) SB5 为不可按压键，一旦按压就会产生报警信号。

（4）SB4 为复位按钮，按下 SB4 后可重新开锁。如果按错键，那么必须进行复位才能重新操作。

根据控制要求，首先确定 I/O 个数，进行 I/O 地址分配，I/O 地址分配如表 6-3 所示。

**表 6-3　电子密码锁控制系统的 I/O 地址分配表**

| 输入 | | | 输出 | | |
|---|---|---|---|---|---|
| 符号 | 地址 | 功能 | 符号 | 地址 | 功能 |
| SB1 | I0.0 | 开锁键 | KM | Q0.0 | 开锁 |
| SB2 | I0.1 | 可按压键 | HA | Q0.1 | 报警 |
| SB3 | I0.2 | 可按压键 | | | |
| SB4 | I0.3 | 复位键 | | | |
| SB5 | I0.4 | 报警键 | | | |

密码锁的 PLC 接线图和梯形图分别如图 6-6 和图 6-7 所示。

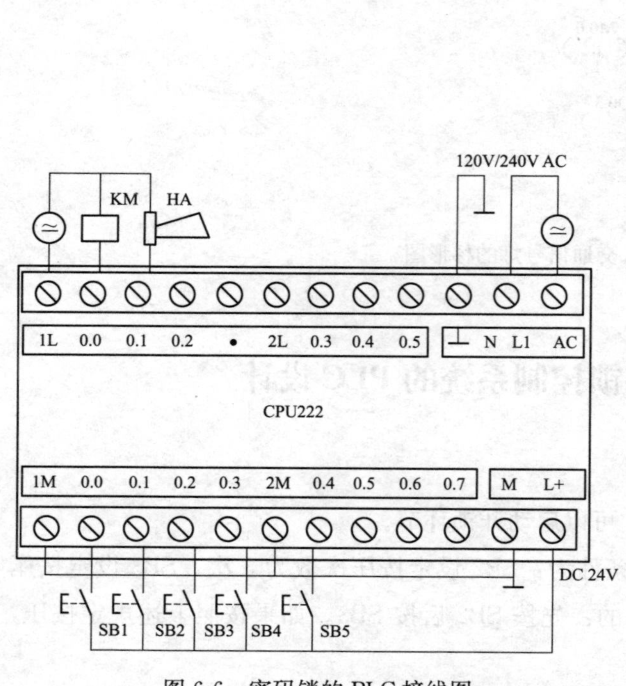


图 6-6　密码锁的 PLC 接线图

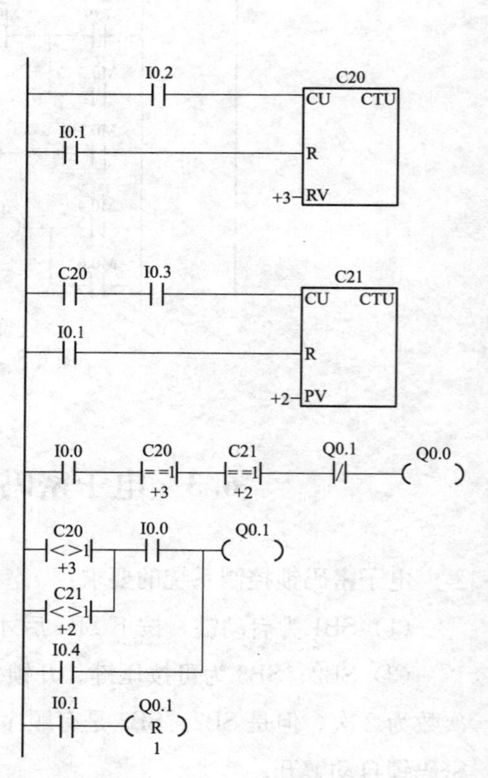


图 6-7　密码锁的梯形图

## 6.4　霓虹灯显示控制系统

霓虹灯显示控制系统的要求：

（1）整个控制系统有 1 个启动按钮，1 个停止按钮，2 组彩灯，每组 8 个。

（2）当按下启动按钮后，第一组的 8 个彩灯周期性闪烁，亮 1s、灭 1s。15s 后全灭，接着第二组彩灯循环右移，假设第二组彩灯的初始值为 00000101，循环周期为 1s。

根据控制要求，首先确定 I/O 个数，进行 I/O 地址分配，I/O 地址分配如表 6-4 所示。

**表 6-4　　霓虹灯显示控制系统的 I/O 地址分配表**

| 输入 | | | 输出 | | | | | |
|---|---|---|---|---|---|---|---|---|
| 符号 | 地址 | 功能 | 符号 | 地址 | 功能 | 符号 | 地址 | 功能 |
| SB1 | I0.0 | 启动按钮 | HL1 | Q0.0 | 第一组彩灯 | HE1 | Q1.0 | 第二组彩灯 |
| SB2 | I0.1 | 停止按钮 | HL2 | Q0.1 | | HE2 | Q1.1 | |
| | | | HL3 | Q0.2 | | HE3 | Q1.2 | |
| | | | HL4 | Q0.3 | | HE4 | Q1.3 | |
| | | | HL5 | Q0.4 | | HE5 | Q1.4 | |
| | | | HL6 | Q0.5 | | HE6 | Q1.5 | |
| | | | HL7 | Q0.6 | | HE7 | Q1.6 | |
| | | | HL8 | Q0.7 | | HE8 | Q1.7 | |

霓虹灯显示控制系统的 PLC 接线图和梯形图分别如图 6-8 和图 6-9 所示。

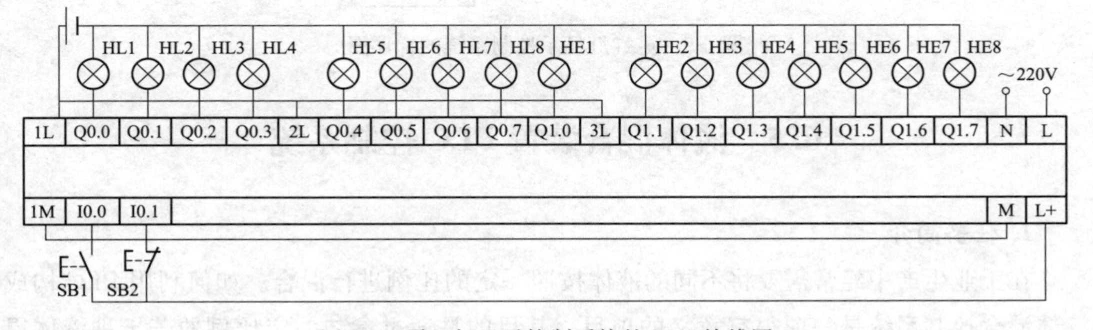


图 6-8　霓虹灯显示控制系统的 PLC 接线图

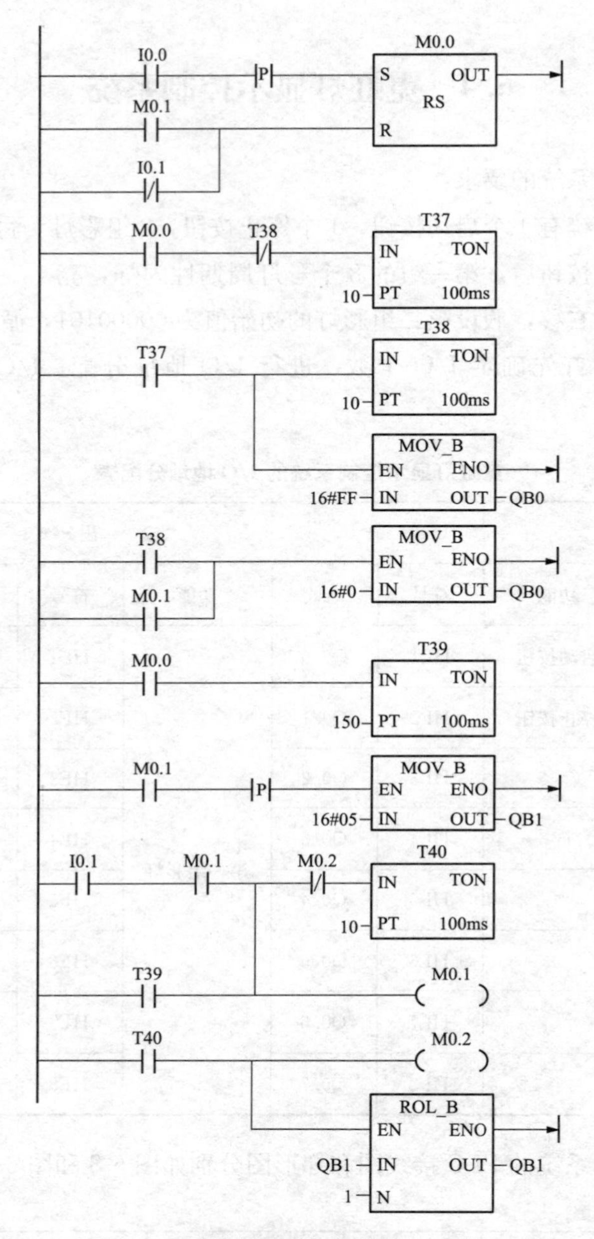


图 6-9　霓虹灯显示控制系统的梯形图

# 6.5　液体混合装置 PLC 控制系统

## 1. 任务简介

在工业生产中经常需要将不同的液体按照一定的比例进行混合。如何利用 PLC 构成液体混合控制系统是一项很有意义的项目。其目的是通过参与一定比例的若干种液体得到一种混合液，整个过程由电气设置自动完成。这套装置主要由液位传感器、电磁阀

（进液阀、出液阀）和搅拌电机以及混合容器等组成。液位传感器根据不同的需要安装设置在不同的高度，此项目中用到的液位传感器是开关量，也就是说当液面淹没传感器时，液位传感器输出为ON，当液面没有淹没传感器时，液位传感器输出为OFF。根据实际情况，系统中还可以加入电阻丝加热。搅拌机由时间参量控制，而电阻丝的加热可通过温度传感器控制。如图6-10所示。开始时容器是空的，各阀门均关闭，各传感器均停止状态。

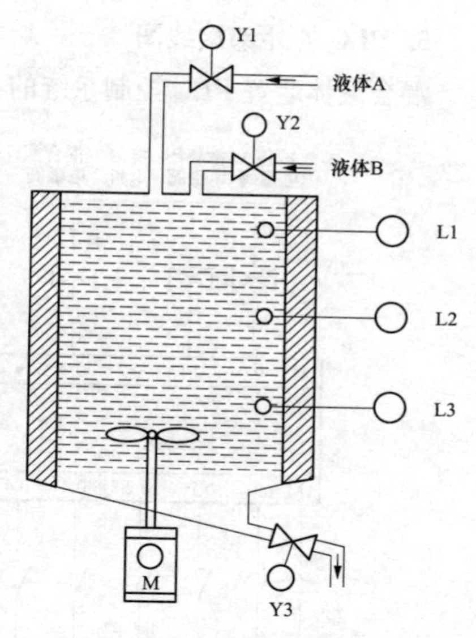


图6-10　液体混合装置控制系统

**2. 控制要求**

（1）按下启动按钮后，进液电磁阀Y1为ON，开始注入液体A；当液面到达中液位L2的高度时，停止注入液体A。

（2）同时进液电磁阀Y2为ON，开始注入液体B；当液面升高到液位L1的高度时，停止注入液体B。

（3）搅拌机开始工作，搅拌60s后停止搅拌。

（4）出液电磁阀Y3为ON，开始放出混合液体；当液面下降到L3时，再经5s停止放空液体，完成一个循环。

（5）若中途按下停止按钮，需得当前工作周期的操作结束后才能停止工作，返回并停留在初始状态。

**3. PLC的选型**

从上面的分析可知，本系统有5路输入（高、中、低液位传感器信号和启动、停止信号）、4路输出（2个进液电磁阀、1个出液电磁阀、1个控制搅拌电机启停）。输入/输出信号均为数字信号，所以控制系统可以选用CPU 224，集成14输入/10输出，满足控制功能的同时还有一定的余量。

**4. I/O地址分配**

混合液体装置的PLC控制系统的地址分配表如表6-5所示。

**表6-5　　混合液体装置的PLC控制系统的地址分配表**

| 输　入 | | 输　出 | |
|---|---|---|---|
| 地址 | 功能 | 地址 | 功能 |
| I0.0 | 中液位传感器L2 | Q0.0 | 液体A进液电磁阀Y1 |
| I0.1 | 高液位传感器L1 | Q0.1 | 液体B进液电磁阀Y2 |
| I0.2 | 低液位传感器L3 | Q0.2 | 搅拌电机 |
| I0.3 | 启动按钮 | Q0.3 | 混合液出液电磁阀Y3 |
| I0.4 | 停止按钮 | | |

**5. PLC 的外部接线图**

混合液体装置 PLC 控制系统的 PLC 外部接线图如图 6-11 所示。

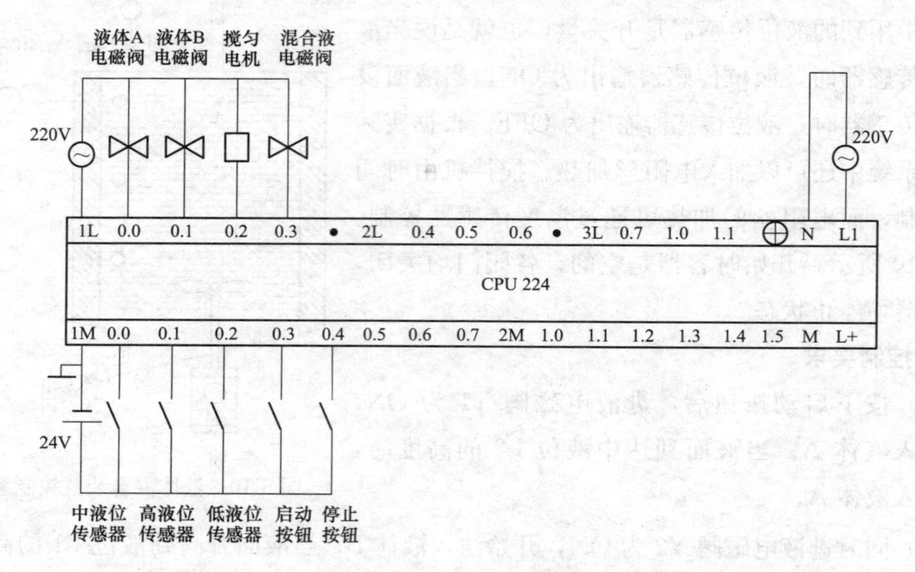


图 6-11 混合液体装置 PLC 控制系统的 PLC 外部接线图

**6. 顺序功能图**

混合液体装置 PLC 控制系统的顺序功能图如图 6-12 所示。

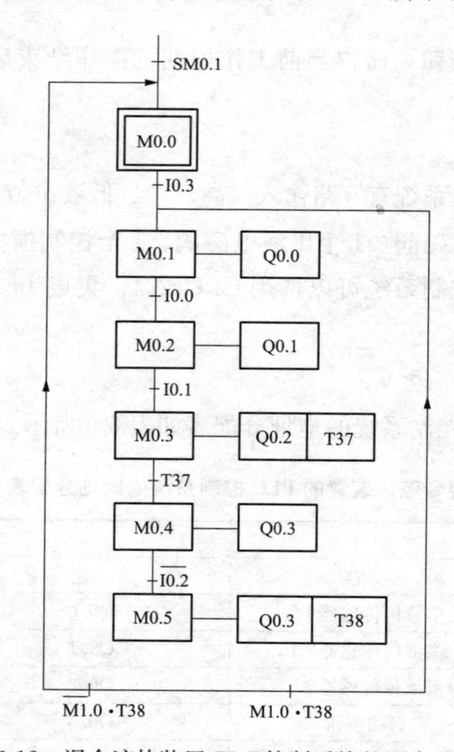


图 6-12 混合液体装置 PLC 控制系统的顺序功能图

**7. 梯形图程序**

混合液体装置 PLC 控制系统的梯形图如图 6-13 所示。

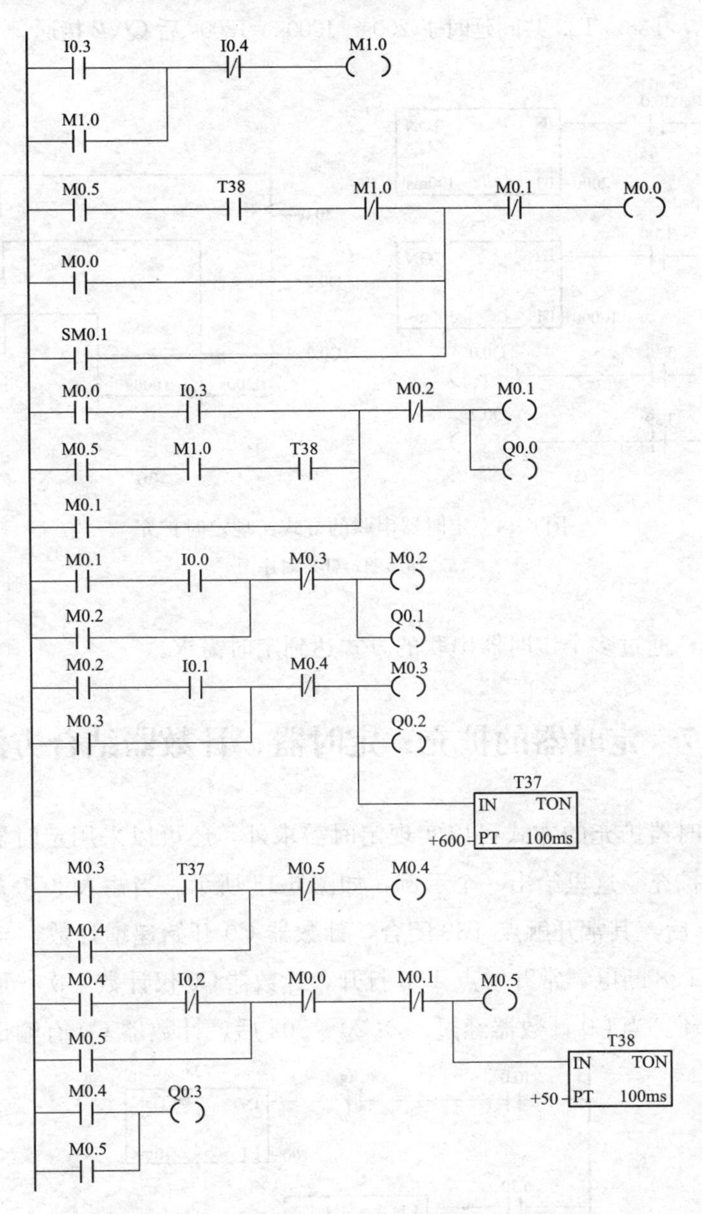


图 6-13　混合液体装置 PLC 控制系统的梯形图

## 6.6　定时器的扩充：多个定时器方法

有些控制场合定时时间超出定时器的定时范围，这时候就需要利用 S7-200 的基本指令组合的方式来实现所需要的定时。在图 6-14 给出的示例程序中，Q0.0 的接通是由定时器 T38 实现的，Q0.2 的接通是由定时器 T38、T39 共同作用实现的。当 I0.0 端接通，T38 开始计时。经过 200s 后其常开触点 T38 闭合，Q0.0Q 接通，同时 T39 启动开始计时，再经过 1000s 后 Q0.2 接通，可见，T38、T39 共同延时了 200s＋1000s＝1200s 后 Q0.2 接通。

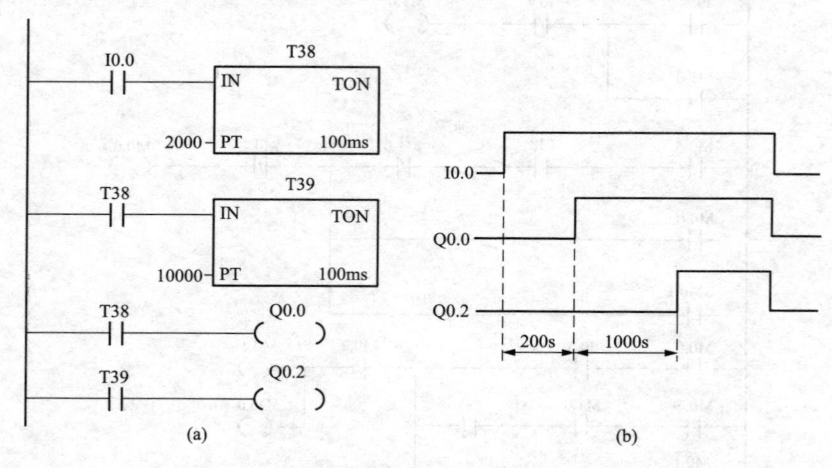


图 6-14　定时器串联的方式实现定时扩充

（a）梯形图；（b）时序图

可依此类推，通过多个定时器串联的方式达到定时需求。

## 6.7　定时器的扩充：定时器、计数器结合方法

除了多个定时器扩充的方式可以实现定时需求外，还可以采用定时器、计数器结合的方法实现定时扩充。这里给出一个示例，如图 6-15 所示。当输入 I0.0 端接通，T38 开始计时，经过 1s 后，其常开触点 T38 闭合，计数器 C0 开始递增计数，与此同时 T38 的常闭触点打开，T38 断电，常开触点 T38 打开，计数器 C0 仅计数一次，而后 T38 开始重新计时，如此循环。当 C0 计数器经过 1s×20＝20s 后，计数器 C0 有输出，其常开触点

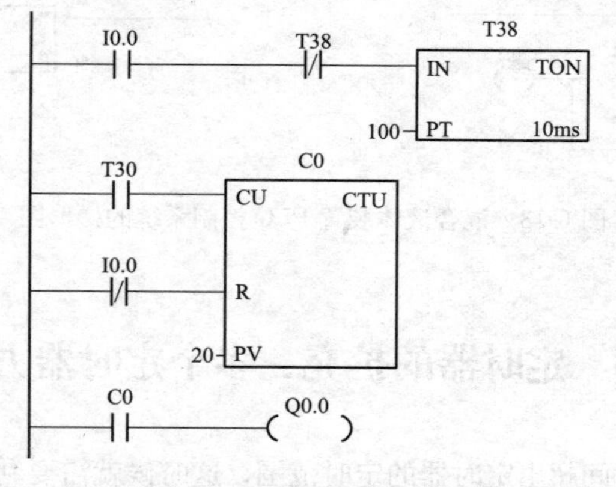


图 6-15　采用定时器、计数器结合的方法实现定时扩充的示例

C0 闭合，输出 Q0.0 接通。显然输入 I0.0 端接通后延时 1×20s 后输出 Q0.0 接通。

## 6.8　多路故障报警控制

在实际的工程应用中出现的故障可能有多个。设计这种报警控制程序时，要将多个故障用一个蜂鸣器鸣响，但是每种故障用各自的指示灯指示。图 6-16 为两种故障标准报警控制梯形图，图 6-16 中故障 1 用输入信号 I0.0 表示；故障 2 用 I0.1 表示。I1.0 为消除蜂鸣器按钮；I1.1 为试灯、试蜂鸣器按钮。故障 1 指示灯用信号 Q0.0 输出；故障 2 指示灯用信号 Q0.1 输出；Q0.3 为报警蜂鸣器输出信号。这种程序设计的关键点是当任何一种故障发生时，按消除蜂鸣器按钮后不能影响其他故障发生时报警蜂鸣器的正常鸣响。照此方法可以实现更多故障报警控制。

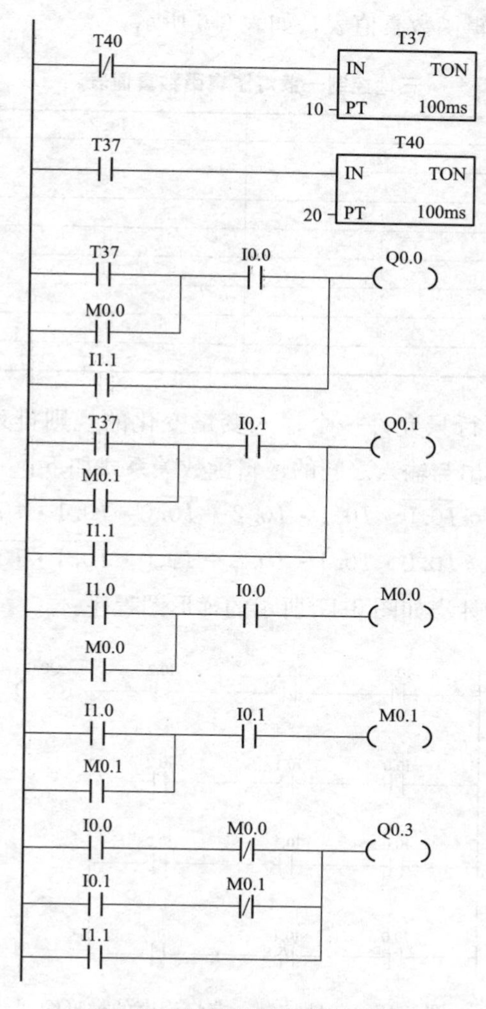


图 6-16　故障报警控制梯形图

## 6.9　三地控制一盏灯

要求在三个不同地方（A 地、B 地和 C 地）的开关均独立控制一盏灯，任何一地的开关动作都可以使灯的状态发生改变。即不管开关是开还是关，只要有开关动作则灯的状态就发生改变。按此要求分配 PLC 的 I/O 地址为：A 地开关接 I0.0 端子，B 地开关接 I0.1 端子、C 地开关接 I0.2 端子；灯接在 Q00 端子上。三个不同的地方（A 地、B 地和 C 地）控制系统一般需要运用基本运算“与”“或”“非”等指令，同时还需列表分析建立控制的逻辑函数关系。假如我们做如下规定：输入量为逻辑变量 I0.0、I0.1、I0.2，分别代表输入开关，输出量为逻辑函数 Q0.0，代表输出位寄存器；常开触点为原变量，常闭触点为反变量。常开触点闭合为“1”断开为“0”，Q0.0 通电为“1”，不通电为“0”。这样可以控制要求列出逻辑函数真值表，如表 6-6 所示。

**表 6-6　　三地控制一盏灯逻辑函数真值表**

| I0.0 | I0.1 | I0.2 | Q0.0 |
|---|---|---|---|
| 0 | 0 | 0 | 0 |
| 0 | 0 | 1 | 1 |
| 0 | 1 | 1 | 0 |
| 0 | 1 | 0 | 1 |
| 1 | 1 | 0 | 0 |
| 1 | 1 | 1 | 1 |
| 1 | 0 | 1 | 0 |
| 1 | 0 | 0 | 1 |

真值表按照每相邻两行只允许一个输入变量变化的规则排列，便可满足控制要求。根据此真值表可以写出输出与输入之间的逻辑函数关系式如下：

$$Q0.0=\overline{I0.0}\cdot\overline{I0.1}\cdot I0.2+\overline{I0.0}\cdot I0.1\cdot\overline{I0.2}+$$
$$I0.0\cdot I0.1\cdot I0.2+I0.0\cdot\overline{I0.1}\cdot\overline{I0.2}$$

根据逻辑表达式可设计出如图 6-17 所示的梯形图程序。

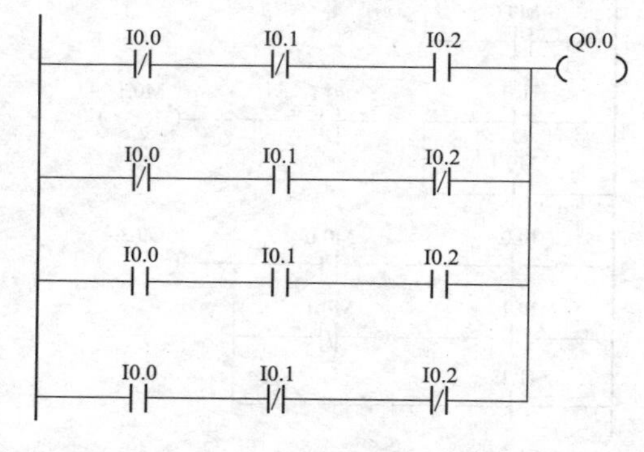


图 6-17　三地控制一盏灯程序的梯形图

实际使用可以按照这样的逻辑处理方式扩展到更多点的控制中。

## 6.10　PLC 控制运料小车

如图 6-18 所示，送料小车在左限位开关 I0.4 处装料，20s 后装料结束，开始右行，碰到右限位开关 I0.3 后停下来卸料，25s 后左行，碰到左限位开关 I0.4 后又停下来装料。这样不停地循环工作，直到按下停止按钮 I0.2。按钮 I0.0 和 I0.1 分别用来启动小车右行和左行。

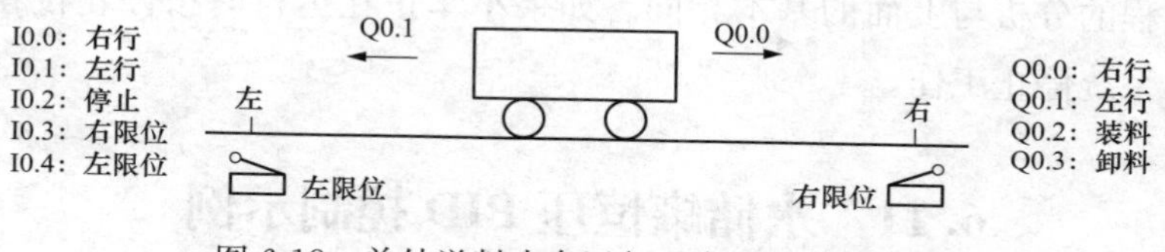


图 6-18　单处送料小车运行示意及 I/O 分配图

以电动机的正反转控制梯形图为基础，可以得到设计出来的梯形图，如图 6-19 所示。

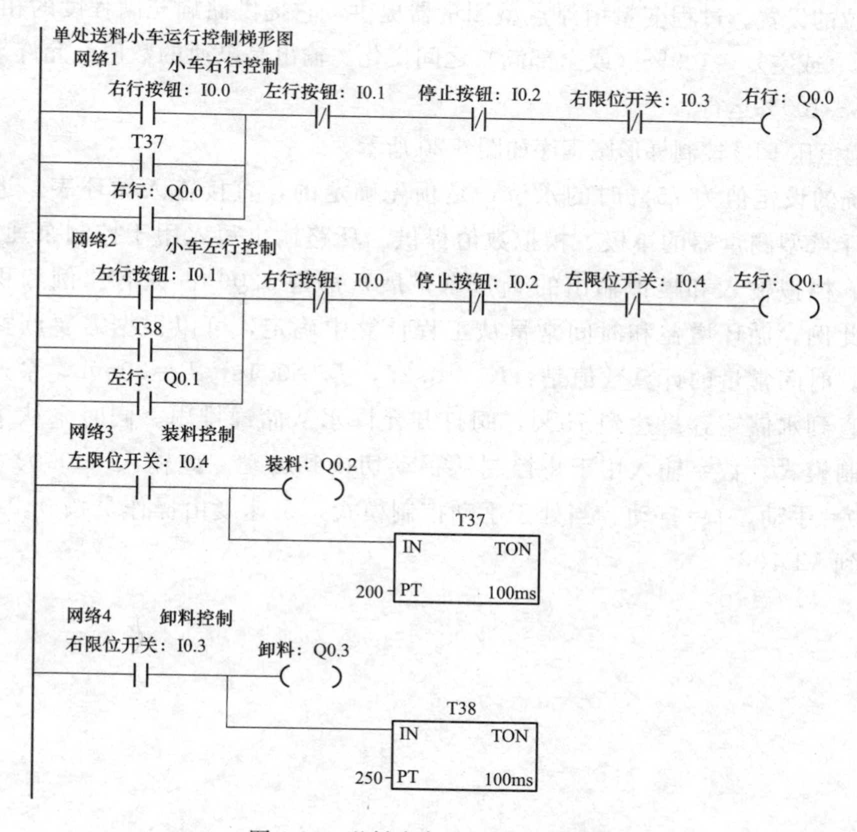


图 6-19　送料小车运行控制梯形图

为使小车自动停止，将 I0.3 和 I0.4 的常闭触点分别与 Q0.0 和 Q0.1 的线圈串联。为使小车自动启动，将控制装、卸料延时的定时器 T37 和 T38 的常开触点分别与手动启动右行和左行的 I0.0 和 I0.1 的常开触点并联，并用两个限位开关对应的 I0.4 和 I0.3 的常开触点分别接通装料、卸料电磁阀和相应的定时器。设小车在启动时是空车，按下左行启动按钮 I0.1，Q0.1 得电，小车开始左行，碰到左限位开关时，I0.4 的常闭触点断开，使 Q0.1 失电，小车停止左行。I0.4 的常开触点接通，使 Q0.2 和 T37 的线圈得电，开始装料和延时。20s 后 T37 的常开触点闭合，使 Q0.0 得电，小车右行。小车离开左限位开关后，I0.4 变为“0”状态，Q0.2 和 T37 的线圈失电，停止装料，T37 被复位。对右行和卸料过程的分析与上面的基本相同。如果小车正在运行时按停止按钮 I0.2，小车将停止运动，系统停止工作。

## 6.11 水储罐恒压 PID 控制示例

水储罐用于保持恒定水压。水以变化的速率不断地从水储罐取出。变速泵用于以保持充足水压的速率添加水到储罐，并且也防止储罐空。此系统的设定值等于储罐达到充满 75%水位的设置。过程变量由浮点型测量器提供，它提供储罐充满程度的相同读数，可以从 0%（或空）～100%（或全部满）之间变化。输出是泵速的数值，允许泵从最大速度的 0%～100%运行。

水储罐恒压 PID 控制梯形图程序如图 6-20 所示。

本系统的设定值为 75%时的水位，是预先确定的，直接输入循环表。进程变量作为来自浮点型测量器的单极、模拟数值提供。环路输出写入用于控制泵速的单极、模拟输出。模拟输入和模拟输出的 Span（扩展）都是 32000。只有比例和积分控制可应用于此例。循环增益和时间常量从工程计算中确定，可以根据需要调整以获得最佳控制。时间常量的计算数值是：$K_c=0.25$，$T_s=0.1\text{s}$，$T=30\text{min}$。泵速是手动控制的，直到水储罐容量达到 75%，阀打开允许水从储罐排出。同时泵从手动切换到自动控制模式。数字输入用于将控制从手动切换到自动。此输入（I0.0）手动/自动控制：0=手动，1=自动。当处于手动控制模式，泵速度由操作员按 0.0～1.0 的实数值写到 VD108。

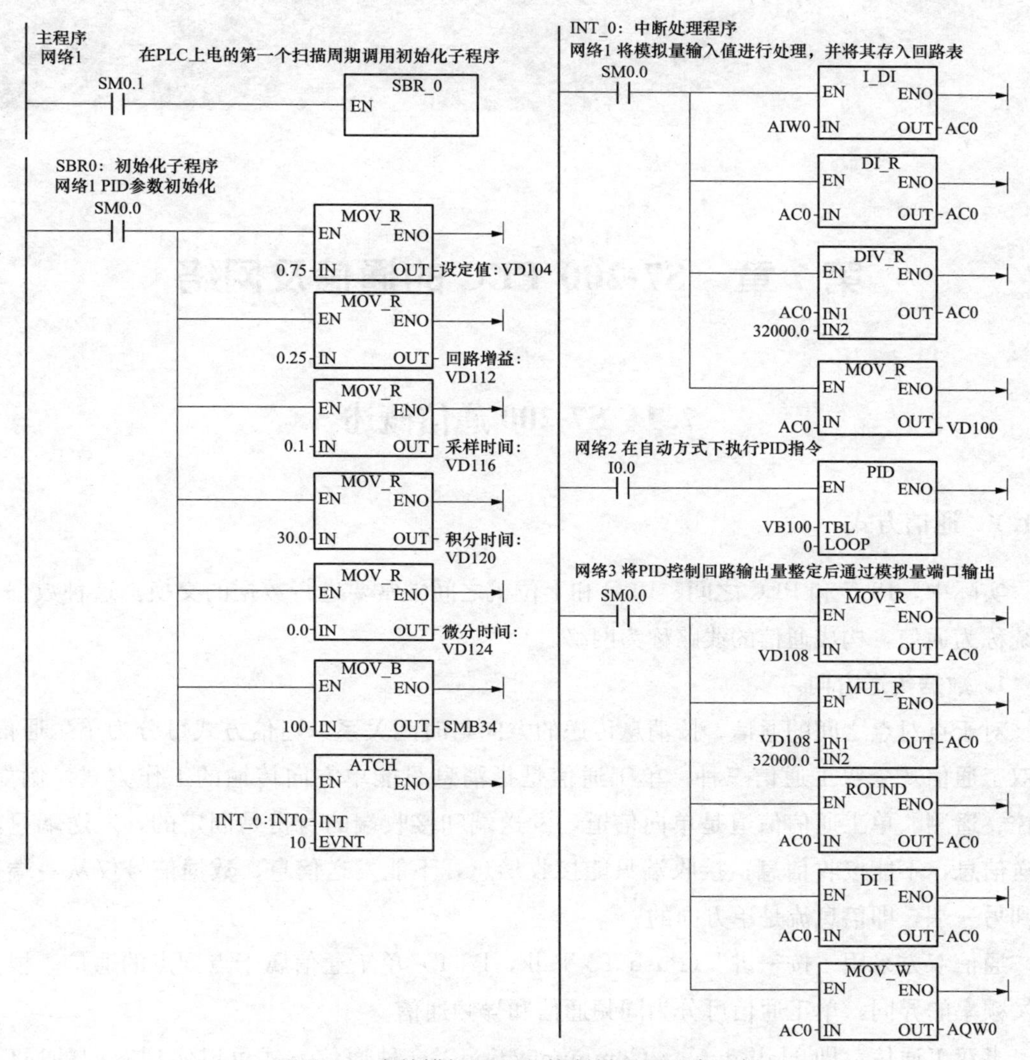


图 6-20　水储罐恒压 PID 控制梯形图程序示例

1. 本章中讲述了一个三路抢答器的 PLC 设计，如果要求在竞赛答题环节中，共两个队，每队三人，考虑这种情况下的 PLC 设计。另外参考相关的书籍，将 PLC 设计出来的系统和用集成电路模块搭起来的系统进行比较。

2. 交通信号灯的 PLC 的控制中，设计的是一个需要外部信号的系统。在平常十字路口的红绿灯控制中，每个方向固定时长。考虑这两种控制的区别？还有什么比较好的控制方式，试着编写它们的控制程序。

3. 霓虹灯显示控制系统控制方式很多。注意观察大街上的各种霓虹灯。比较它们控制的异同。

# 第 7 章　S7-200 PLC 的通信及网络

## 7.1　S7-200 通信概述

### 7.1.1　通信方式

实际中，PLC 和 PLC 之间、PLC 和上位机之间常常要进行数据的交换。这种数据交换统称为通信，构成通信的线路称为网络。

**1. 数据传送方向**

对于点对点之间的通信，按消息传送的方向与时间关系，通信方式可分为单工通信、半双工通信及全双工通信三种。单工通信是指消息只能单方向传输的工作方式。例如，遥控、遥测。单工通信信道是单向信道，发送端和接收端的身份是固定的，发送端只能发送信息，不能接收信息；接收端只能接收信息，不能发送信息，数据信号仅从一端传送到另一端，即信息流是单方向的。

通信双方采用“按—讲”（Push To Talk，PTT）单工通信属于点到点的通信。根据收发频率的异同，单工通信可分为同频通信和异频通信。

半双工通信，即 Half-duplex Communication。这种通信方式可以实现双向的通信，但不能在两个方向上同时进行，必须轮流交替地进行。也就是说，通信信道的每一段都可以是发送端，也可以是接收端。但同一时刻里，信息只能有一个传输方向。因而半双工通信实际上是一种可切换方向的单工通信，如日常生活中的例子有步话机通信等。

全双工，即 Full duplex Communication，是指在通信的任意时刻，线路上存在 A 到 B 和 B 到 A 的双向信号传输。全双工通信允许数据同时在两个方向上传输，又称为双向同时通信，即通信的双方可以同时发送和接收数据。在全双工方式下，通信系统的每一端都设置了发送器和接收器，因此，能控制数据同时在两个方向上传送。全双工方式无需进行方向的切换，因此，没有切换操作所产生的时间延迟，这对那些不能有时间延误的交互式应用（如远程监测和控制系统）十分有利。这种方式要求通信双方均有发送器和接收器，同时，需要 2 根数据线传送数据信号（可能还需要控制线和状态线，以及地线）。因此全双工通信是两个单工通信方式的结合，它要求发送设备和接收设备都有独立的接收和发送能力。

理论上，全双工传输可以提高网络效率，但是实际上仍是配合其他相关设备才有用。例如必须选用双绞线的网络缆线才可以全双工传输，而且中间所接的集线器（HUB），也要能全双工传输。最后，所采用的网络操作系统也得支持全双工作业，这样才能真正发挥全双工传输的威力。

**2. 数据传输方式**

在数据通信中，按每次传送的数据位数，通信方式可分为：并行通信和串行通信。通常情况下，并行方式用于近距离通信，串行方式用于距离较远的通信。

（1）并行通信方式。在并行数据传输中有多个数据位，例如8个数据位（如图7-1所示），同时在两个设备之间传输。发送设备将8个数据位通过8条数据线传送给接收设备，还可附加一位数据校验位。接收设备可同时接收到这些数据，不需做任何变换就可直接使用。在计算机内部的数据通信通常以并行方式进行。并行的数据传送线也叫总线，如并行传送8位数据就叫8位总线，并行传送16位数据就叫16位总线。并行数据总线的物理形式有好几种，但功能都是一样的，例如，计算机内部直接用印刷电路板实现的数据总线、连接软领盘驱动器的扁平带状电缆、连接计算机外部设备的圆形多芯屏蔽电缆等。这种方式的优点是传输速度快，处理简单。

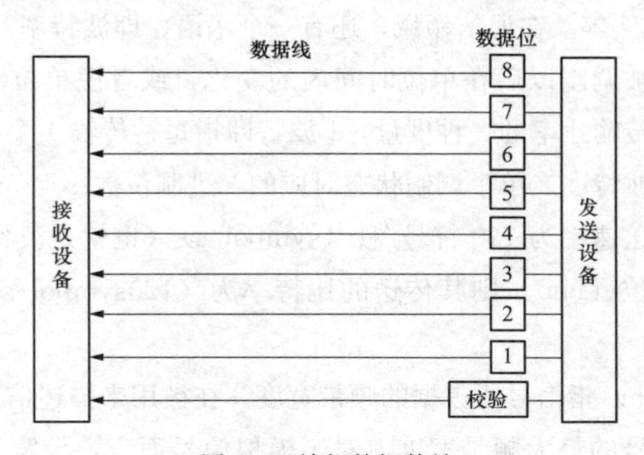


图7-1　并行数据传输

（2）串行通信方式。并行传输时，需要一根至少有8条数据线（因一个字节是8位）的电缆将两个通信设备连接起来。当进行近距离传输时，这种方法的优点是传输速度快，处理简单，但进行远距离数据传输时，这种方法的线路费用就难以容忍了。这种情况下，就必须使用串行数据传输技术。串行数据传输时，数据是一位一位地在通信线上传输的，与同时可传输好几位数据的并行传输相比，串行数据传输的速度要比并行传输慢得多。如图7-2所示，串行数据传输时，先由具有8位总线的计算机内的发送设备，将8位并行数据经并—串转换硬件转换成串行方式，再逐位经传输线到达接收站的设备中，并在接收端将数据从串行方式重新转换成并行方式。串行方式虽然传输率低，但适合于远距离传输，在网络中（如公用电话系统）普遍采用串行通信方式。

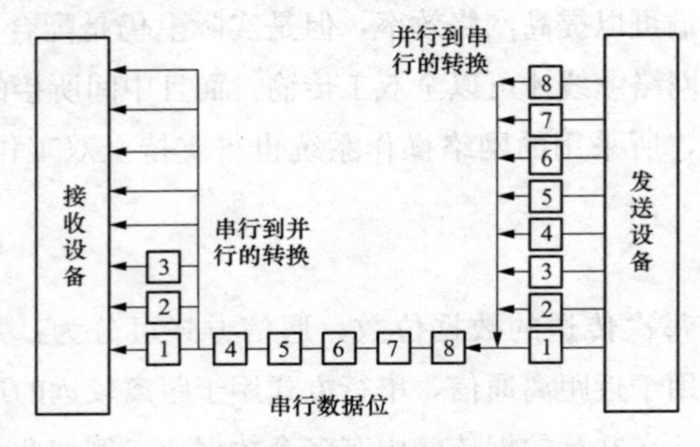


图 7-2　串行数据传输

**3. 信道和信道参数**

信道又被称为通道或频道，是信号在通信系统中传输的通道，由信号从发射端传输到接收端所经过的传输媒质所构成。广义的信道定义除了包括传输媒质，还包括传输信号的相关设备。信道参数包括传输速率、带宽、信号的类型、信噪比、信道增益、噪声功率等。

传输速率又称为数据传送速率或者比特率，表示每秒钟传送二进制代码的位数，单位是 b/s、kb/s、Mb/s 等。在通信领域，还有一个术语，即波特率（baud rate），也叫调制速率。指的是信号被调制以后在单位时间内的变化，或者说单位时间内载波参数变化的次数。它是对符号传输速率的一种度量，1 波特即指每秒传输 1 个符号。波特率与比特率的关系为比特率＝波特率×单个调制状态对应的二进制位数。

例如假设数据传送速率为 120 符号/秒（symbol/s）（也就是波特率为 120Baud），又假设每一个符号为 8 位（bit），则其传送的比特率为（120symbol/s）×（8bit/symbol）＝960bit/s。

带宽（band width）指信号所占据的频带宽度。在被用来描述信道时，带宽是指能够有效通过该信道的信号的最大频带宽度。对于模拟信号而言，带宽又称为频宽，是指上限频率与下限频率的差值，以赫兹（Hz）为单位。即例如模拟语音电话的信号带宽为 3400Hz，一个 PAL-D 电视频道的带宽为 8MHz（含保护带宽）。对于数字信号而言，带宽是指单位时间内链路能够通过的数据量。例如 ISDN 的 B 信道带宽为 64Kbps。由于数字信号的传输是通过模拟信号的调制完成的，为了与模拟带宽进行区分，数字信道的带宽一般直接用波特率或符号率来描述。

带宽与传输介质、传输设备、通信协议有很大关系。

**4. 传输介质**

传输介质是网络中发送方与接收方之间的物理通路，它对网络的数据通信具有一定的影响。常用的传输介质有：双绞线、同轴电缆、光纤等。

（1）双绞线，简称TP（Twisted-Pair），将一对以上的双绞线封装在一个绝缘外套中，为了降低信号的干扰程度，电缆中的每一对双绞线一般是由两根绝缘铜导线相互扭绕而成。双绞线分为非屏蔽双绞线（UTP）和屏蔽双绞线（STP），适合于短距离通信。非屏蔽双绞线价格便宜，传输速度偏低，抗干扰能力较差。屏蔽双绞线抗干扰能力较好，具有更高的传输速度，但价格相对较贵。双绞线需用RJ-45或RJ-11连接头插接。

目前市面上出售的UTP分为3类、4类、5类和超5类四种：3类的传输速率支持10Mbps，外层保护胶皮较薄，皮上注有“cat3”；4类在网络中不常用；5类（超5类）：传输速率支持100Mbps或10Mbps，外层保护胶皮较厚，皮上注有“cat5”；超5类双绞线在传送信号时比普通5类双绞线的衰减更小，抗干扰能力更强，在100M网络中，受干扰程度只有普通5类线的1/4，目前较少应用。

STP分为3类和5类两种，STP的内部与UTP相同，外包铝箔，抗干扰能力强、传输速率高但价格昂贵。

双绞线一般用于星型网的布线连接，两端安装有RJ-45头（水晶头），连接网卡与集线器，最大网线长度为100m，如果要加大网络的范围，在两段双绞线之间可安装中继器，最多可安装4个中继器，如安装4个中继器连5个网段，最大传输范围可达500m。

（2）同轴电缆由一根空心的外圆柱导体和一根位于中心轴线的内导线组成，内导线和圆柱导体及外界之间用绝缘材料隔开。具有抗干扰能力强，连接简单等特点，信息传输速度可达每秒几百兆位，是中、高档局域网的首选传输介质。按直径的不同，可分为粗缆和细缆两种。

粗缆的传输距离长，性能好但成本高、网络安装、维护困难，一般用于大型局域网的干线，连接时两端需终接器，粗缆的使用要求如下：

1）粗缆与外部收发器相连。

2）收发器与网卡之间用AUI电缆相连。

3）网卡必须有AUI接口（15针D型接口），每段500m，100个用户，4个中继器可达2500m，收发器之间最小2.5m，收发器电缆最大50m。

细缆与BNC网卡相连，两端装50欧的终端电阻。用T型头，T型头之间最小0.5m。细缆网络每段干线长度最大为185m，每段干线最多接入30个用户。如采用4个中继器连接5个网段，网络最大距离可达925m。细缆安装较容易，造价较低，但日常维护不方便，一旦一个用户出故障，便会影响其他用户的正常工作。

根据传输频带的不同，可分为基带同轴电缆和宽带同轴电缆两种类型：基带为数字信号，信号占整个信道，同一时间内能传送一种信号；宽带可传送不同频率的信号。

同轴电缆需用带BNC头的T型连接器连接。

（3）光纤又称为光缆或光导纤维，由光导纤维纤芯、玻璃网层和能吸收光线的外壳组成，是由一组光导纤维组成的用来传播光束的、细小而柔韧的传输介质。应用光学原理，由光发送机产生光束，将电信号变为光信号，再把光信号导入光纤，在另一端由光接收机接收光纤上传来的光信号，并把它变为电信号，经解码后再处理。与其他传输介质比较，光纤的电磁绝缘性能好、信号衰小、频带宽、传输速度快、传输距离大。主要用于要求传输距离较长、布线条件特殊的主干网连接。具有不受外界电磁场的影响，无限制的带宽等特点，可以实现每秒几十兆位的数据传送，尺寸小、重量轻，数据可传送几百千米，但价格昂贵。

光纤分为单模光纤和多模光纤：单模光纤由激光作光源，仅有一条光通路，传输距离长，20～120km。多模光纤由二极管发光，低速短距离，2km 以内。

光纤需用 ST 型头连接器连接。

**5. 网络传输设备**

（1）物理层网络传输设备：中继器、集线器；数据链路层网络传输设备。

（2）二层交换机、网桥、网卡。

（3）网络层网络传输设备：三层交换机、路由器。

### 7.1.2 网络概述

网络就是用物理链路将各个孤立的工作站或主机相连在一起，组成数据链路，从而达到资源共享和通信的目的。凡将地理位置不同，并具有独立功能的多个电子系统通过通信设备和线路而连接起来，且以功能完善的网络软件（网络协议、信息交换方式及网络操作系统等）实现网络资源共享的系统都可称为网络。

PLC 与 PLC 之间、PLC 与上位机、PLC 与远程 I/O 之间构成网络可以很方便地组成集中管理的分布式网络。

**1. OSI 模型**

1983 年，国际标准化组织（International Organization for Standardization 或 International Standard Organized，ISO）发布了著名的 ISO/IEC 7498 标准，它定义了网络互联的 7 层框架，也就是开放式系统互联参考模型（Open System Interconnection Reference Model，OSI 模型）试图使各种计算机在世界范围内互连为网络的标准框架，如图 7-3 所示。

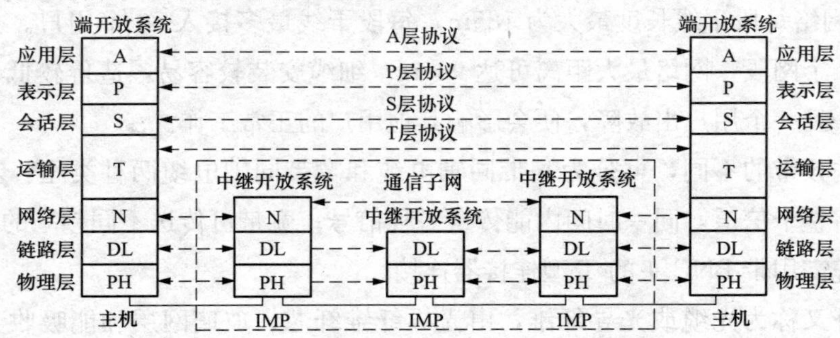


图 7-3 OSI 分层模型

OSI模型的七层功能分别如下：

（1）第一层：物理层。这一层负责最后将信息编码成电流脉冲或其他信号用于网上传输。它由计算机和网络介质之间的实际界面组成，可定义电气信号、符号、线的状态和时钟要求、数据编码和数据传输用的连接器。如最常用的RS-232规范、10BASE-T的曼彻斯特编码以及RJ-45就属于第一层。所有比物理层高的层都通过事先定义好的接口与它通话。如以太网的附属单元接口（AUI），一个DB-15连接器可被用来连接层一和层二。

（2）第二层：数据链路层。数据链路层通过物理网络链路提供可靠的数据传输。不同的数据链路层定义了不同的网络和协议特征，其中包括物理编址、网络拓扑结构、错误校验、帧序列以及流控。物理编址（相对应的是网络编址）定义了设备在数据链路层的编址方式；网络拓扑结构定义了设备的物理连接方式，如总线拓扑结构和环拓扑结构；错误校验向发生传输错误的上层协议告警；数据帧序列重新整理并传输除序列以外的帧；流控可能延缓数据的传输，以使接收设备不会因为在某一时刻接收到超过其处理能力的信息流而崩溃。数据链路层实际上由两个独立的部分组成，介质存取控制（Media Access Control，MAC）和逻辑链路控制层（Logical Link Control，LLC）。MAC描述在共享介质环境中如何进行调度、发生和接收数据。MAC确保信息跨链路的可靠传输，对数据传输进行同步，识别错误和控制数据的流向。一般来讲，MAC只在共享介质环境中才是重要的，只有在共享介质环境中多个节点才能连接到同一传输介质上。IEEE MAC规则定义了地址，以标识数据链路层中的多个设备。逻辑链路控制子层管理单一网络链路上的设备间的通信，IEEE 802.2标准定义了LLC。LLC支持无连接服务和面向连接的服务。在数据链路层的信息帧中定义了许多域。这些域使得多种高层协议可以共享一个物理数据链路。

（3）第三层：网络层。网络层负责在源和终点之间建立连接。它一般包括网络寻径，还可能包括流量控制、错误检查等。相同MAC标准的不同网段之间的数据传输一般只涉及数据链路层，而不同的MAC标准之间的数据传输都涉及网络层。例如IP路由器工作在网络层，因而可以实现多种网络间的互联。

（4）第四层：传输层。传输层向高层提供可靠的端到端的网络数据流服务。传输层的功能一般包括流控、多路传输、虚电路管理及差错校验和恢复。流控管理设备之间的数据传输，确保传输设备不发送比接收设备处理能力大的数据；多路传输使得多个应用程序的数据可以传输到一个物理链路上；虚电路由传输层建立、维护和终止；差错校验包括为检测传输错误而建立的各种不同结构；而差错恢复包括所采取的行动（如请求数据重发），以便解决发生的任何错误。传输控制协议（TCP）是提供可靠数据传输的TCP/IP协议族中的传输层协议。

（5）第五层：会话层。会话层建立、管理和终止表示层与实体之间的通信会话。通信会话包括发生在不同网络应用层之间的服务请求和服务应答，这些请求与应答通过会话层的协议实现。它还包括创建检查点，使通信发生中断的时候可以返回到以前的一个状态。

（6）第六层：表示层。表示层提供多种功能用于应用层数据编码和转化，以确保以一个系统应用层发送的信息可以被另一个系统应用层识别。表示层的编码和转化模式包括公用数据表示格式、性能转化表示格式、公用数据压缩模式和公用数据加密模式。

公用数据表示格式就是标准的图像、声音和视频格式。通过使用这些标准格式，不同类型的计算机系统可以相互交换数据；转化模式通过使用不同的文本和数据表示，在系统间交换信息，例如 ASCII（American Standard Code for Information Interchange，美国标准信息交换码）；标准数据压缩模式确保原始设备上被压缩的数据可以在目标设备上正确地解压；加密模式确保原始设备上加密的数据可以在目标设备上正确地解密。

表示层协议一般不与特殊的协议栈关联，如 QuickTime 是 Applet 计算机的视频和音频的标准，MPEG 是 ISO 的视频压缩与编码标准。常见的图形图像格式 PCX、GIF、JPEG 是不同的静态图像压缩和编码标准。

（7）第七层：应用层。应用层是最接近终端用户的 OSI 层，这就意味着 OSI 应用层与用户之间是通过应用软件直接相互作用的。注意，应用层并非由计算机上运行的实际应用软件组成，而是由向应用程序提供访问网络资源的 API（Application Program Interface，应用程序接口）组成，这类应用软件程序超出了 OSI 模型的范畴。应用层的功能一般包括标识通信伙伴、定义资源的可用性和同步通信。因为可能丢失通信伙伴，应用层必须为传输数据的应用子程序定义通信伙伴的标识和可用性。定义资源可用性时，应用层为了请求通信而必须判定是否有足够的网络资源。在同步通信中，所有应用程序之间的通信都需要应用层的协同操作。

OSI 的应用层协议包括文件的传输、访问及管理协议（FTAM），以及文件虚拟终端协议（VIP）和公用管理系统信息（CMIP）、HTTP、HTTPS、FTP、TELNET、SSH、SMTP、POP3 等。

不过 OSI 参考模型并没有提供一个可以实现的方法，而是描述了一些概念，用来协调进程间通信标准的制定。因此 OSI 参考模型并不是一个标准，而是一个在制定标准时所使用的概念性框架。

**2. TCP/IP 模型**

1983 年 1 月 1 日，在因特网的前身（ARPA 网）中，TCP/IP 协议取代了旧的网络控制协议（NCP，Network Control Protocol），从而成为今天的互联网的基石。最早的 TCP/IP 由文顿·瑟夫和罗伯特·卡恩开发，慢慢地通过竞争战胜了其他一些网络协议的方案，如国际标准化组织 ISO 的 OSI 模型。TCP/IP 的蓬勃发展发生在 1990 年代中期。当时一些重要而可靠的工具的出世，例如，页面描述语言 HTML 和浏览器 Mosaic，促进了互联网应用的飞速发展。

TCP/IP 分层模型（TCP/IPlayening model）被称作因特网分层模型（Internet

layering model)、因特网参考模型（Internet reference model)。它是目前因特网使用的参考模型。这个体系结构在它的两个主要协议 TCP（传输控制协议）和 IP（网际协议）出现以后，被称为 TCP/IP 参考模型（TCP/IP reference model)。

在 TCP/IP 参考模型中，去掉了 OSI 参考模型中的会话层和表示层（这两层的功能被合并到应用层实现)。同时将 OSI 参考模型中的数据链路层和物理层合并为主机到网络层，如图 7-4 所示。

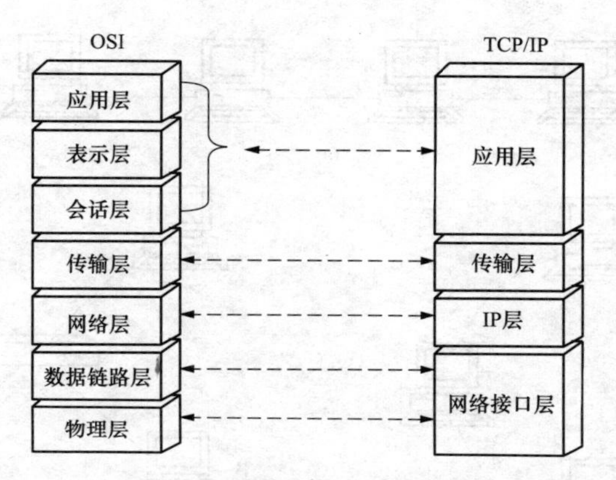


图 7-4　TCP/IP 参考模型和 OSI 参考模型的对比示意图

TCP/IP 模型中每一层所执行的服务类型和所使用的协议如下：

(1) 应用层。应用层对应于 OSI 参考模型的高层，为用户提供所需要的各种服务，例如，FTP、Telnet、DNS、SMTP 等。

(2) 传输层。传输层对应于 OSI 参考模型的传输层，为应用层实体提供端到端的通信功能，保证了数据包的顺序传送及数据的完整性。该层定义了两个主要的协议：传输控制协议（TCP）和用户数据报协议（UDP)。TCP 协议提供的是一种可靠的、面向连接的数据传输服务；而 UDP 协议提供的则是不可靠的、无连接的数据传输服务。

(3) 网际互联层（IP 层)。网际互联层对应于 OSI 参考模型的网络层，主要解决主机到主机的通信问题。它所包含的协议设计数据包在整个网络上的逻辑传输。注重重新赋予主机一个 IP 地址来完成对主机的寻址，它还负责数据包在多种网络中的路由。该层有四个主要协议：网际协议（IP)、地址解析协议（ARP)、互联网组管理协议（IGMP）和互联网控制报文协议（ICMP)。

IP 协议是网际互联层最重要的协议，它提供的是一个不可靠、无连接的数据包传递服务。

(4) 网络接入层（即主机-网络层)。网络接入层与 OSI 参考模型中的物理层和数据链路层相对应。它负责监视数据在主机和网络之间的交换。事实上，TCP/IP 本身并未定义该层的协议，而由参与互连的各网络使用自己的物理层和数据链路层协议，然后与 TCP/IP 的网络接入层进行连接。

**3. 网络拓扑结构**

网络的拓扑结构是指网上计算机或设备与传输媒介形成的结点与线的物理构成模式，主要由通信子网决定。网络的结点有两类：一类是转换和交换信息的转接结点，包括结点交换机、集线器和终端控制器等；另一类是访问结点，包括计算机主机和终端等。线则代表各种传输媒介，包括有形的和无形的。计算机网络的拓扑结构主要有：总线形拓扑、星形拓扑、环形拓扑、树形拓扑和混合形拓扑，其中部分拓扑结构如图 7-5 所示。

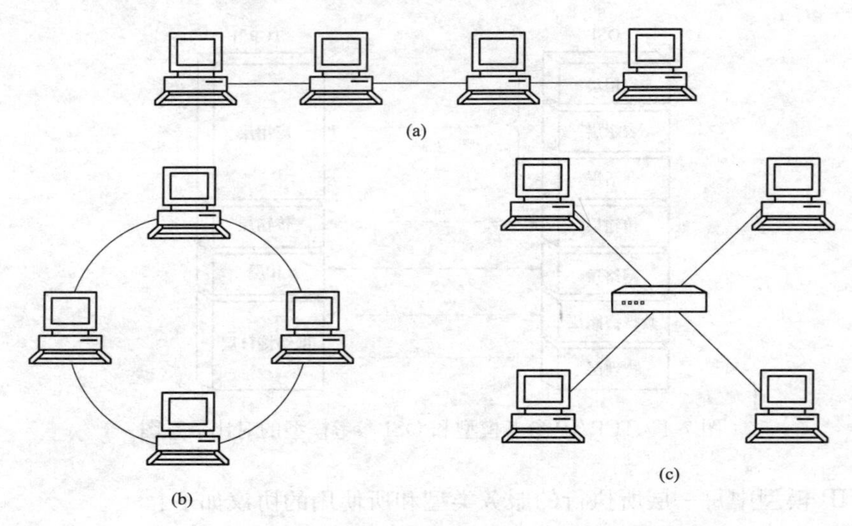


图 7-5　总线形拓扑、环形拓扑、星形拓扑结构

（a）总线结构；（b）环形结构；（c）星形结构

（1）总线形拓扑。总线形结构由一条高速公用主干电缆即总线连接若干个结点构成网络。网络中所有的结点通过总线进行信息的传输。这种结构的特点是结构简单灵活，建网容易，使用方便，性能好。其缺点是一次仅能一个端用户发送数据，其他端用户必须等待到获得发送权。媒体访问获取机制较复杂，主干总线对网络起决定性作用，总线故障将影响整个网络。总线形拓扑是使用最普遍的一种网络。

（2）环形拓扑。环形拓扑由各结点首尾相连形成一个闭合环形线路。环形网络中的信息传送是单向的，即沿一个方向从一个结点传到另一个结点；每个结点需安装中继器，以接收、放大、发送信号。这种结构的特点是结构简单，建网容易，便于管理。其缺点是当结点过多时，将影响传输效率，不利于扩充。

（3）星形拓扑。星形拓扑由中央结点集线器与各个结点连接组成。这种网络各结点必须通过中央结点才能实现通信。星形结构的特点是结构简单，建网容易，便于控制和管理。其缺点是中央结点负担较重，容易形成系统的“瓶颈”，线路的利用率也不高。

（4）树形拓扑。树形拓扑是一种分级结构。在树形结构的网络中，任意两个结点之间不产生回路，每条通路都支持双向传输。这种结构的特点是扩充方便、灵活，成本低，易推广，适合于分主次或分等级的层次型管理系统。

### 7.1.3　S7-200 PLC 网络概述

S7-200 系列 PLC 可以通过接口、各种模块和上位机通信，也可以和西门子公司的其他类型的 PLC 通信。

S7-200 系列 PLC 除了 CPU226 集成了两个通信口外，其他均在内部集成了一个通信口，采用 RS-485 总线。除此以外各个 PLC 还可以扩展其他通信模块。S7-200 系列 PLC 可以接入两种通信模块：一种是 EM277，EM277 是 PROFIBUS-DP 从站模块，该模块可以作为 PROFIBUS-DP 从站和 MPI 主站，S7-200 系列 PLC 通过这个模块可以与 S7-300/400 PLC 连接。另一种是 CP243-2，CP243-2 是 S7-200（CPU22X）系列 PLC 的 AS-I 主站。AS-I 接口是执行器/传感器接口，是控制系统的底层。带有 CP243-2 的 S7-200 系列 PLC 可以通过 CP243-2 控制远程的数字量模拟量。

## 7.2　通　信　方　式

### 7.2.1　S7-200 系列 PLC 支持的通信方式

**1. PPI 方式**

PPI(point-to-point interface) 方式又称为点对点通信协议，是西门子专为 S7-200 系列 PLC 开发的一个不公开的内部通信协议，是 S7-200 CPU 最基本的通信方式，同时也是 S7-200 CPU 默认的通信方式。通过原来自身的端口（PORT0 或 PORT1）就可以实现通信。PPI 是一种主-从协议通信，主-从站在一个令牌环网中。可通过普通的两芯屏蔽双绞电缆进行联网。物理上采用 RS-485 接口和电平，波特率为 9.6kb/s、19.2kb/s 和 187.5kb/s。

PPI 协议允许多主站，主站可以是 PC 机，也可以是 HMI、PLC 等设备，PLC 为从站。在不加中继器的情况下，最多由 31 个 S7-200 系列 PLC、TD200、OP/TP 面板或上位机（插入 MPI 卡）为站点。另外，通信设置采用 8 个数据位、1 个停止位，偶校验，波特率可自行选择。

主站向从站发出请求，从站做出应答。从站不主动发出信息，而是等候主站向其发出请求或查询时按照要求应答。每一条完整的 PPI 指令的实现需要四次子指令操作，主站发出读写指令，从站响应并发出响应信息，主站收到此信息后发出确认信息，从站收到确认信息后完成读写操作并返回相应的数据。主从站这样来回地收发两次数据即完成一次读写数据的操作。在 CPU 内用户网络读写指令即可，也就是说网络读写指令是运行在 PPI 协议上的。因此 PPI 只在主站侧编写程序就可以了，从站的网络读写指令没有什么意义。

**2. MPI 通信**

MPI(multi-point interface) 方式也称为多点接口通信协议，是一种比较简单的通信方式。S7-200 可以通过内置接口连接到 MPI 网络上，波特率为 19.2kbit/s，187.5kbit/s。S7-200 CPU 在 MPI 网络中作为从站，它们彼此间不能通信。MPI 网络通信的速率是 19.2Kb/s～12Mb/s，MPI 网络最多支持连接 32 个节点，最大通信距离为 50m。通信距离远，还可以通过中继器扩展通信距离，但中继器也占用节点。MPI 网络节点通常可以连接 S7-200、人机界面、编程设备、智能型 ET200S 及 RS485 中继器等网络元器件。

西门子 PLC 与 PLC 之间的 MPI 通信一般有 3 种通信方式：全局数据包通信方式、无组态连接通信方式和组态连接通信方式。

**3. PROFIBUS-DP 通信**

PROFIBUS-DP 现场总线是一种开放式现场总线系统，符合欧洲标准和国际标准。PROFIBUS-DP 通信的结构非常精简，传输速度很高且稳定，非常适合 PLC 与现场分散的输入/输出设备之间的通信。许多厂家都生产类型众多的 PROFIBUS 设备，这些设备包括从简单的输入/输出模块到复杂的电动机控制器和可编程控制器。

PROFIBUS 网络通常有一个主站和几个输入/输出从站，主站需要知道从站的地址和型号，主站初始化网络并检查网络上的所有从站设备和配置的匹配情况。主站连续的把数据写到从站，同时从从站读取数据。

在 S7-200 系列的 CPU 中，都可以通过增加 EM277 扩展模块的方法支持 PROFIBUS DP 网络。

**4. TCP/IP 通信**

S7-200 配备了以太网模块 CP243-1 后支持 TCP/IP 以太网协议。

**5. 自由通信方式**

S7-200 CPU 的通信口可以设置为自由口模式。选择自由口模式后，用户程序可以控制通信端口的操作，用户可以自定义通信协议，通信协议也完全受用户程序控制。这种方式下可以与任何通信协议公开的其他设备、控制器进行通信。波特率最高为 38.4kb/s（可调整）。

S7-200 CPU 上的通信口在电气上式标准的 RS-485 半双工串行通信口。此串行字符通信的格式可以包括：一个起始位、7 或 8 位字符（数据字节）、一个奇/偶校验位，或者没有校验位、一个停止位。

通信波特率可以设置为 1200、2400、4800、9600、19 200、38 400、57 600 或 112 500kb/s。

凡是符合这些格式的串行通信设备，都可以和 S7-200 CPI 通信。

自由口通信可以通过用户程序灵活控制，没有固定模式。

以“请求-响应”工作机制为例，S7-200 CPU 可以作为主站向从站发送数据请求，然后等待从站的数据响应；也可以作为从站，首先等待主站发过来的数据请求，然后根据请求信息内容，按规则把相关数据返回给主站。上述过程，反复进行，实现数据交换。

如果 CPU 作为主站，有多个从站设备，那么一般在请求消息里面会包含地址信息，各个从站接收到数据请求后，首先会判断请求消息里的地址信息和本机地址是否一致，如果不一致，会忽略；如果一致，会根据请求内容，按协议规则把相关数据返回给主站。

### 7.2.2　STEP7-Micro 与 S7-200 的几种通信方式

(1) 通过 PC/PPI 电缆与单个或者网络中的 CPU 通信口（或 EM277 通信口）通信。

(2) 通过 CP（通信处理器）卡与单个或者网络中的 CPU 通信口（或 EM277 通信口）通信。

(3) 通过本地计算机上安装的 Modem（调制解调器），经过公用或者内部电话网与安装了 EM241 模块的 CPU 通信。

(4) 通过本地计算机上的以太网卡，经过以太网与安装了 CP243-1 以太网模块的 CPU 通信。

(5) 通过本地计算机上安装的 GSM Modem（如 TC35T），与远程安装了 GSM Modem（如 TC35T）的 CPU 通信（须申请并开通相应 SIM 卡的数据传输服务）。

(6) Micro/WIN 缺省的编程方式是通过 PC/PPI 电缆（如在安装 Micro/WIN 时所见的“Set PG/PC Interface”窗口中确认的）进行通信。如果要改变编程通信方式，也需要打开“Set PG/PC Interface”窗口进行设置。

注意，用于 S7-300/400 编程的 PC 串口电缆（PC-Adaptor），不能用于 S7-200 编程通信。

### 7.2.3　STEP7-Micro 软件的参数设置与组态

一般情况下使用 RS232/PPI 通信协议方式，其参数设置如下：

第一步：打开 Communications（通信）界面。在 Micro/WIN 主界面的左侧浏览条中用鼠标单击 Communications（通信）图标；或者在指令树、View 菜单中打开通信设置界面，如图 7-6 所示。

图 7-6 中各部分功能如下：

a. 通信设置区。

b. Local（本地）显示的是运行 Micro/WIN 的编程器（PC 机）的网络地址。默认的地址为 0。

c. 使用 Remote（远程）下拉选择框可以选取试图连通的远程 CPU 地址。缺省的地址为 2。

d. 选中此项可以使通信设置与项目文件一起保存。

e. 显示电缆的属性，以及连接的 PC 机通信口。

f. 本地（编程器）当前的通信速率。

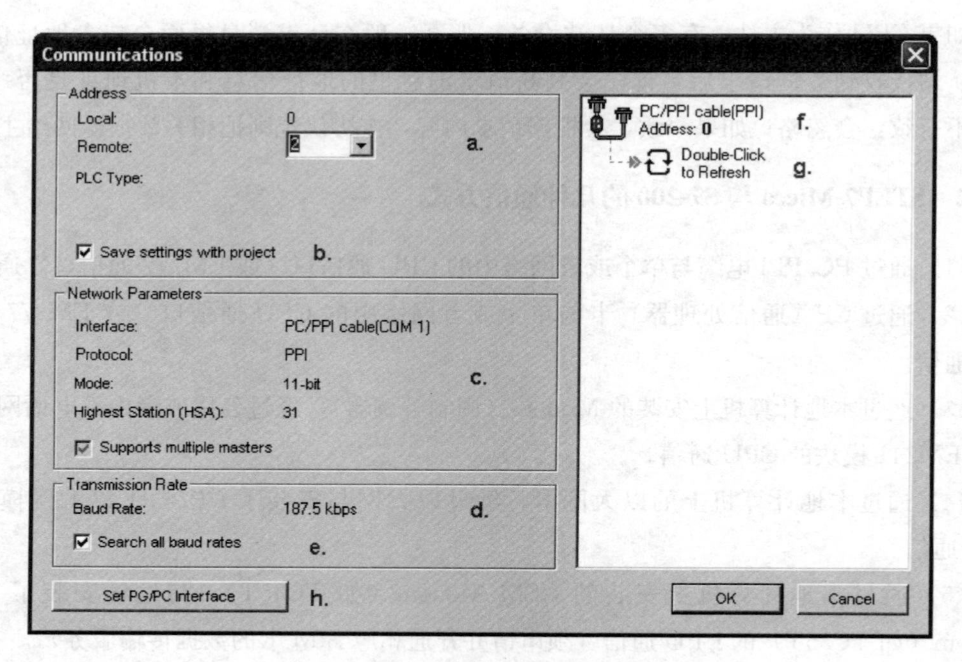

图 7-6　通信设置界面

g. 选中此项会在刷新时分别用多种波特率寻找网络上的通信接点。

h. 显示当前使用的通信设备，鼠标双击可以打开 Set PG/PC Interface 界面，设置本地通信属性。

i. 鼠标双击可以开始刷新网络地址，寻找通信站点。

第二步：设置 PC/PPI 电缆属性。鼠标双击图 7-6 中的 f. 图标，打开 Set PG/PC Interface 界面，检查编程通信设备。如果型号不符合，请重新选择。用鼠标单击“Properties...”按钮，打开 PC/PPI 电缆的属性设置界面，如图 7-7 所示。

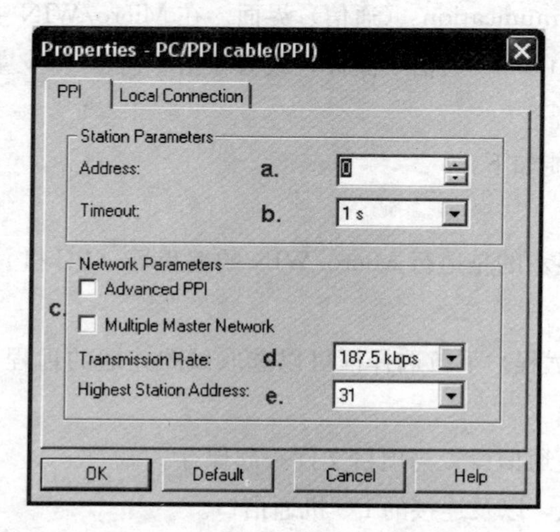

图 7-7　PC/PPI 电缆属性

在图 7-7 所示的 PPI 选项卡中各部分功能如下：

a. 设置 Micro/WIN 的本地地址。

b. 设置通信设置超时时间。

c. 这两项是附加设置，如果使用智能多主站电缆和 Micro/WIN V3.2 SP4 以上版，不必选中。

d. 本地通信速率设置。

e. 本地设置的最高站址。

第三步：检查本地计算机通信口设置。在 Local Connection（本地连接）选项卡中选择本地通信口，如图 7-8 所示。

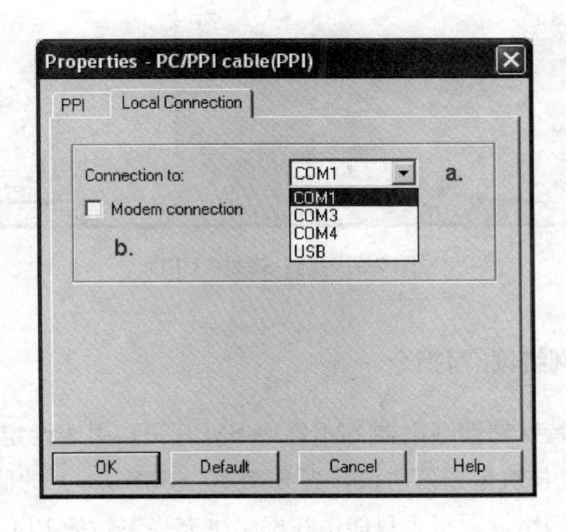


图 7-8　选择本地通信口

在图 7-8 所示界面中各部分功能如下：

a. 选择 PC/PPI 电缆连接的通信口，

b. 如果使用 USB/PPI 电缆，可以选择 USB。

c. 如果使用本地计算机 Windows 中安装的 Modem（调制解调器），须选取此项。这时 Micro/WIN 只通过 Modem 与电话网中的 S7-200 连接（EM241）。

第四步：双击图 7-6 中的 g. 图标，开始寻找与计算机连接的 S7-200 站。找到 S7-200 站后显示如图 7-9 所示。

图 7-9 所示界面中各部分功能如下：

a. 找到的站点地址。

b. 显示找到的 S7-200 站点参数。鼠标双击可以打开“PLC Information”界面。

按“OK”键，保存通信设置。

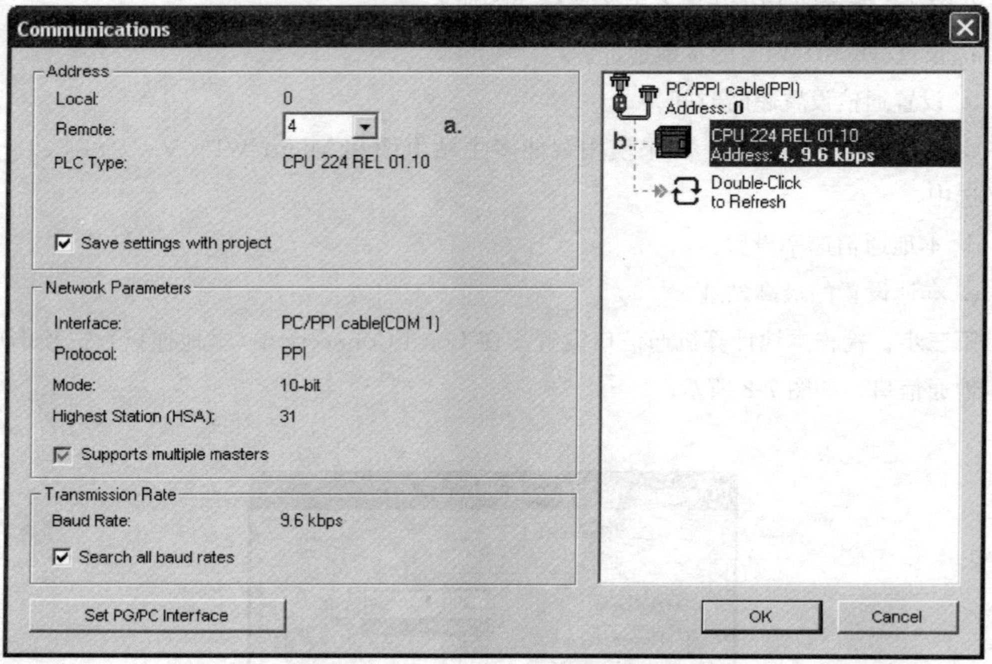

Communications

Address
Local: 0
Remote: 4 a.
PLC Type: CPU 224 REL 01.10
Save settings with project

Network Parameters
Interface: PC/PPI cable(COM 1)
Protocol: PPI
Mode: 10-bit
Highest Station (HSA): 31
Supports multiple masters

Transmission Rate
Baud Rate: 9.6 kbps
Search all baud rates

Set PG/PC Interface

PC/PPI cable(PPI)
Address: 0
b.
CPU 224 REL 01.10
Address: 4, 9.6 kbps
Double-Click
to Refresh

OK
Cancel

图 7-9　找到 S7-200 CPU

### 7.2.4　S7-200 PLC 网络读/写指令

S7-200 PLC 中的特殊辅助继电器 SMB30（SMB130）用于设定通信端口 0（端口 1）的通信方式。它的低 2 位决定通信协议，当 SMB30（SMB130）的低 2 位为 2#10 时，则该 PLC 为主站模式。网络读写指令只能由在网络中充当主站的 PLC 执行，从站只需准备通信数据而不需做通信编程。主站可以对 PPI 网络中的其他任何 PLC（包括主站）进行网络读写。其操作步骤如下：

（1）在 Micro/WIN 中的命令菜单中选择 Tools→Instruction Wizard，然后在指令向导窗口中选择 NETR/NETW 指令，如图 7-10 所示。

在使用向导时必须先对项目进行编译，在随后弹出的对话框中选择“Yes”，确认编译。如果已有的程序中存在错误，或者有尚未编完的指令，编译不能通过。

如果你的项目中已经存在一个 NETR/NETW 的配置，你必须选择是编辑已经存在的 NETR/NETW 的配置还是创建一个新的。

第一步：定义用户所需网络操作的数目。如图 7-11 所示，选择网络读写指令条数。

向导允许用户最多配置 24 个网络操作，程序会自动调配这些通信操作。

第二步：定义通信口和子程序名。如图 7-12 所示。

图 7-12 中各部分功能如下：

a. 选择应用哪个通信口进行 PPI 通信：port0 或 port1。

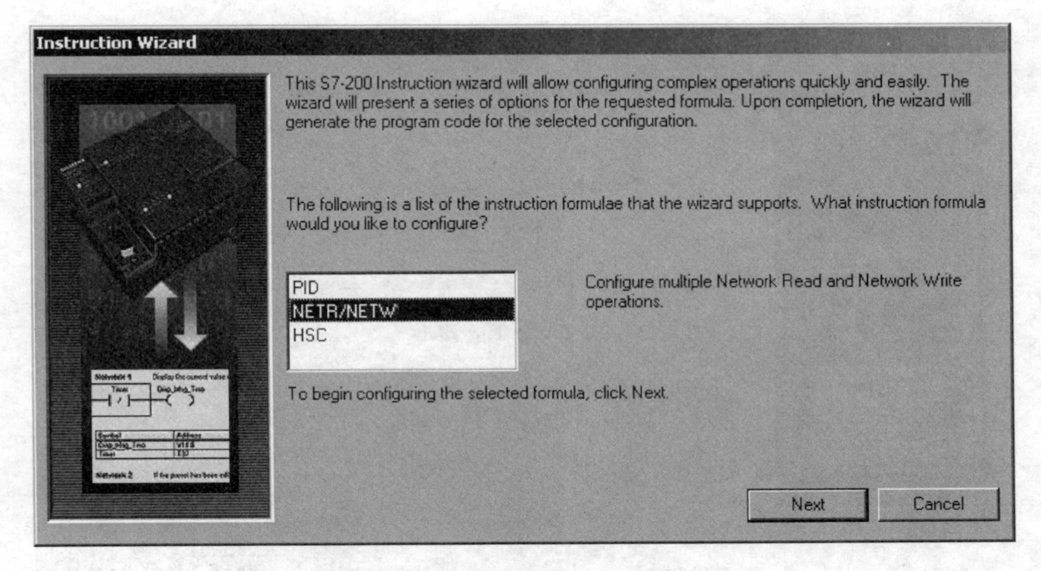


图 7-10　选择 NETR/NETW 指令向导

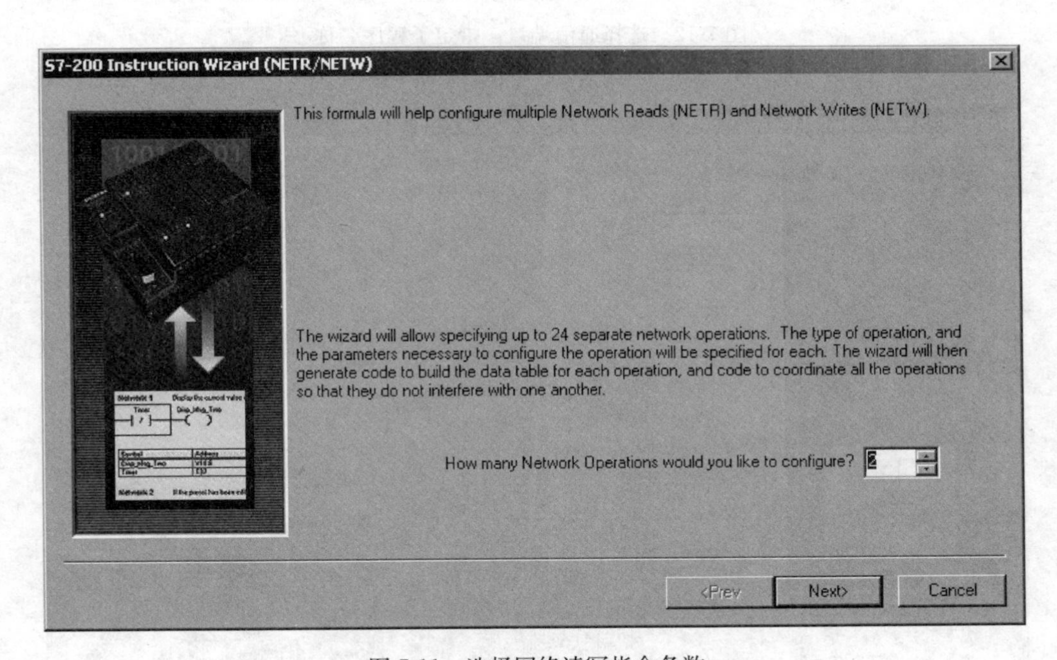


图 7-11　选择网络读写指令条数

b. 注意，一旦定义选择了通信口，则向导中所有网络操作都将通过该口通信，即通过向导定义的网络操作，只能一直使用一个口与其他 CPU 进行通信。

c. 向导为子程序定义了一个缺省名，你也可以修改这个缺省名。

第三步：定义网络操作。如图 7-13 所示。

如图 7-13 所示，每一个网络操作，你都要定义以下信息：

a. 定义该网络操作是一个 NETR 还是一个 NETW。

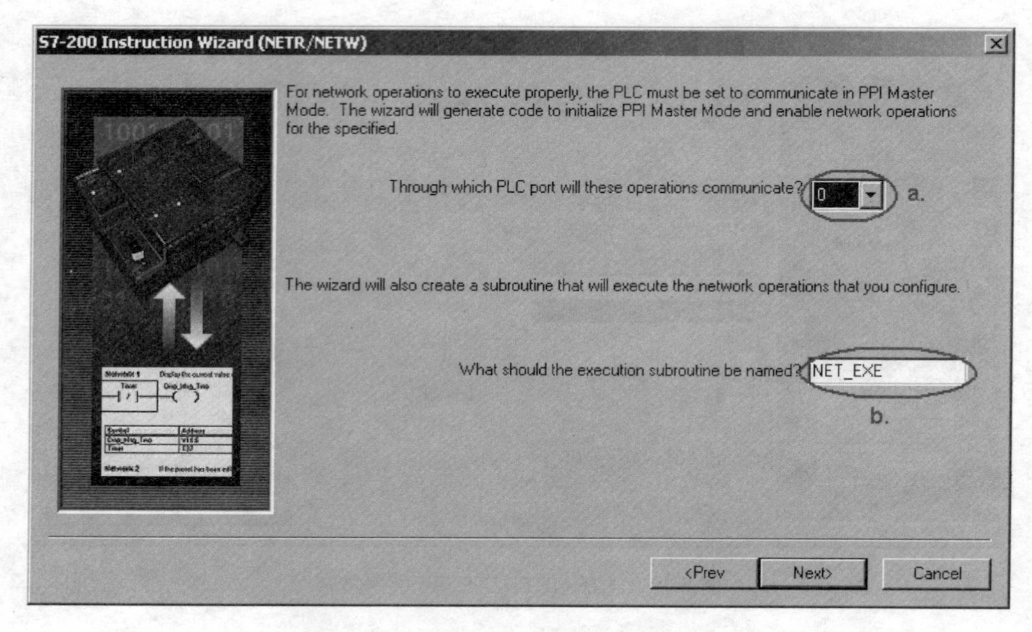


图 7-12　选择通信端口，指定子程序名称

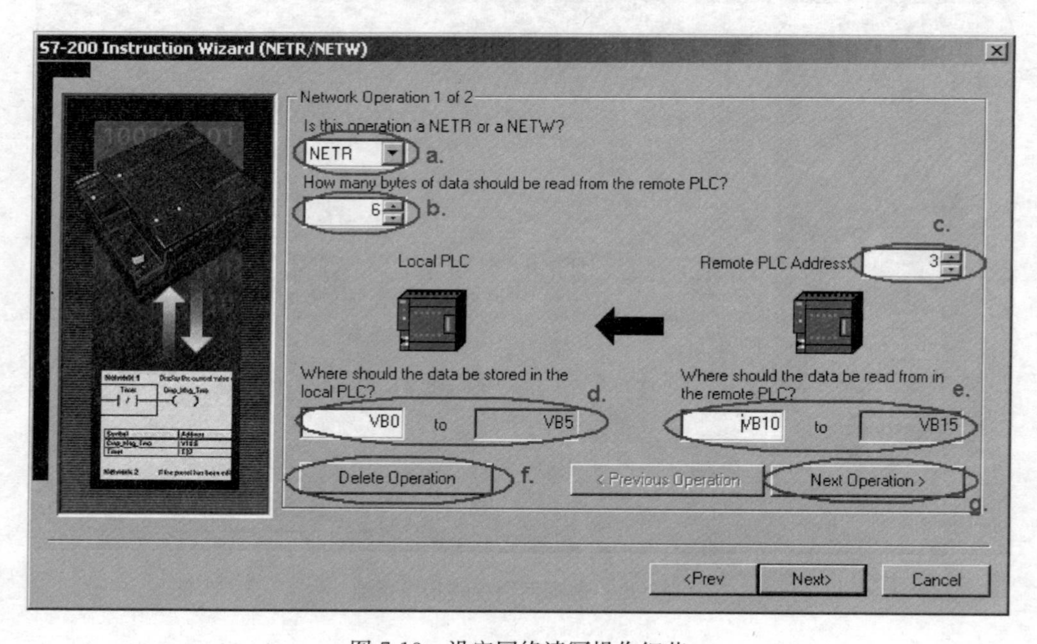


图 7-13　设定网络读写操作细节

b. 定义应该从远程 PLC 读取多少个数据字节（NETR）或者应该写到远程 PLC 多少个数据字节（NETW）。

c. 每条网络读写指令最多可以发送或接收 16 个字节的数据。

d. 定义想要通信的远程 PLC 地址。

e. 如果定义的是 NETR（网络读）操作。

f. 定义读取的数据应该存在本地 PLC 的哪个地址区，有效的操作数为 VB、IB、QB、MB、LB。

g. 如果定义的是 NETW（网络写）操作。

h. 定义要写入远程 PLC 的本地 PLC 数据地址区，有效的操作数为 VB、IB、QB、MB、LB。

i. 如果定义的是 NETR（网络读）操作。

j. 定义应该从远程 PLC 的哪个地址区读取数据，有效的操作数为 VB、IB、QB、MB、LB。

k. 如果定义的是 NETW（网络写）操作。

l. 定义在远程 PLC 中应该写入哪个地址区，有效的操作数为 VB、IB、QB、MB、LB。

m. 操作此按钮可以删除当前定义的操作。

n. 操作此按钮可以进入下一步网络操作的定义。

第四步：分配 V 存储区地址。如图 7-14 所示。

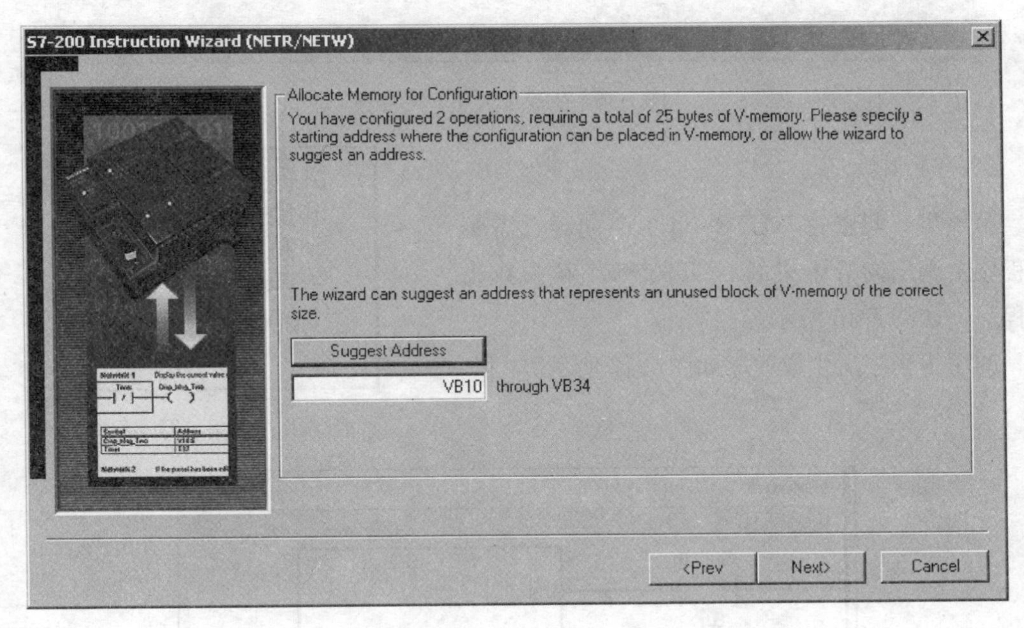


图 7-14　分配数据区地址

配置的每一个网络操作需要 12 字节的 V 区地址空间，上例中配置了两个网络操作，因此占用了 24 个字节的 V 区地址空间。向导自动为用户提供了建议地址，用户也可以自己定义 V 区地址空间的起始地址。

要保证用户程序中已经占用的地址及网络操作中读写区所占用的地址以及此处向导

所占用的 V 区地址空间不能重复使用，否则将导致程序不能正常工作。

第五步：生成子程序及符号表。如图 7-15 所示。

图 7-15 显示了 NETR/NETW 向导生成的子程序、符号表，一旦点击完成按钮，上述显示的内容将在你的项目中生成。

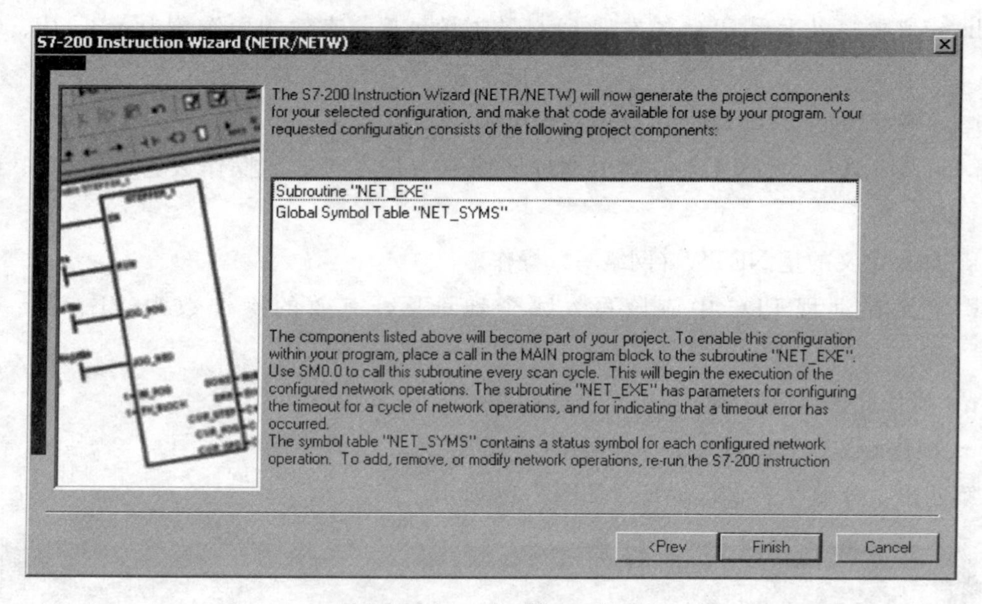


图 7-15　生成子程序、符号表

第六步：配置完 NETR/NETW 向导，需要在程序中调用向导生成的 NETR/NETW 参数化子程序。如图 7-16 所示。

调用子程序后生成程序如图 7-17 所示。

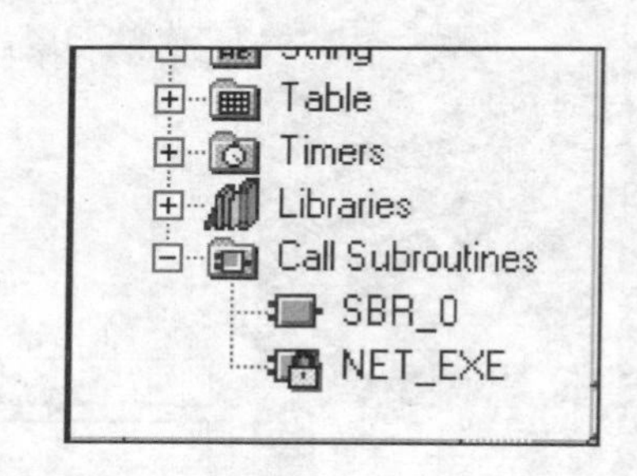


图 7-16　网络读写子程序

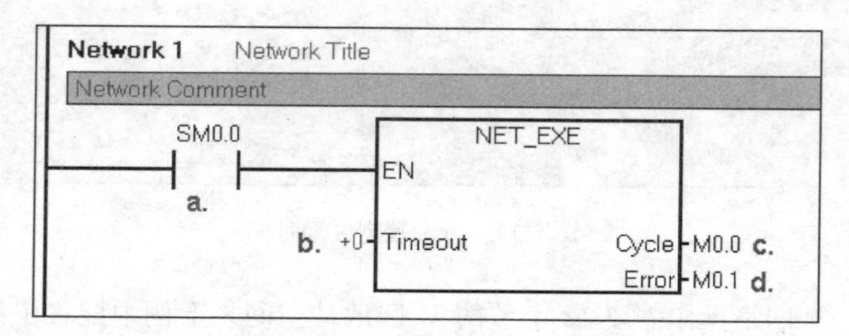


图 7-17　调用子程序后生成的程序

图 7-17 中所示的部分说明如下：

a. 必须用 SM0. 0 来使能 NETR/NETW，以保证它的正常运行。

b. 超时：0＝不启动延时检测；1-36767＝以秒为单位的超时延时时间。如果通信有问题的时间超出此延时时间，则报错误。

c. 周期参数，此参数在每次所有网络操作完成时切换其开关量状态。

d. 此处是错误参数，0＝无错误；1＝错误。

NetR/NetW指令向导生成的子程序管理所有的网络读写通信。用户不必再编其他程序进行诸如设置通信口的操作。

# 7.3 通信示例

## 7.3.1 水位控制

在锅炉及许多其他的工业设备中，常常需要对水位或其他液位进行控制。采用变频调速系统控制水位可达到节能的效果。

水位控制是将水位控制在一定的范围内。通常储水器设定一个水位上限和一个水位下限。当液位低于下限水位时水泵启动，向储水箱供水；当水位达到上限水位时水泵关闭，停止供水。因此，水泵每次启动的任务便是向储水箱提供一定容积的水。水位控制示意图如图7-18所示。

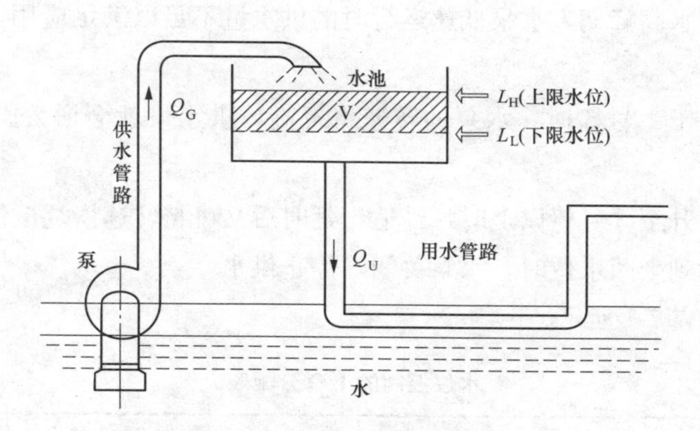


图7-18　水位控制示意图

任务分析：在提供相同容积水的前提下，只需要通过变频调速适当降低水泵的转速就能达到节能的目的，且水泵转速越低，节能效果越好。但是在用水高峰期，必须考虑是否来得及供水的问题。如果在来不及供水的情况下应该考虑进行提速控制。为此，在水池中设置了两档下限水位。水位监测的方法很多。目前比较廉价而可靠地是金属棒方式。如图7-19所示。

这种方法是利用水的导电性能来取得信号的：当两根金属棒都淹没在水中时，它们之间是相通的；当两根金属棒只有一个被水淹没时，它们之间便是断开的。其中，1号棒

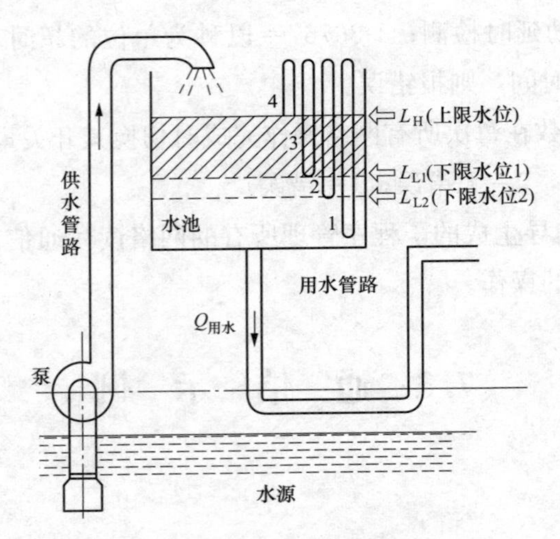


图 7-19　水位检测示意图

作为公共接点，2、3、4 号棒分别用于控制不同的水位。水位信号通过处理后直接送给 PLC 的输入端，而 PLC 的输出端直接连接变频器的数字输入端，由 PLC 根据水位情况自动选择变频器的多挡速度。

控制过程：

（1）在正常情况下，水泵以较低转速运行，水位控制在 3 号棒和 4 号棒之间。

（2）如果在用水高峰期，水泵低速运行时的供水量不足以满足应用，则水位将越过 3 号棒后继续下降。

（3）当水位低于 2 号棒时，水泵的转速将提高，供水量就会增大以阻止水位的持续下降。

（4）当水位上升至 3 号棒以上时，经适当延时后又可将转速恢复至低速。

（5）当水位达到上限水位时，水泵关闭，停止供水。

I/O 分配表如表 7-1 所示。

**表 7-1　　水位控制的 I/O 分配表**

| 输入 | | | 输出 | | |
|---|---|---|---|---|---|
| 符号 | 地址 | 功能 | 符号 | 地址 | 功能 |
| SB1 | I0.0 | 启动 | 低速 | Q0.0 | 变频器口 |
| SB2 | I0.1 | 停止 | 高速 | Q0.1 | 变频器口 |
| 金属棒 2 | I0.2 | | | | |
| 金属棒 3 | I0.3 | | | | |
| 金属棒 4 | I0.4 | 停止按钮 | | | |

PLC 的硬件接线图如图 7-20 所示。梯形图如图 7-21 所示。

说明：这里用 PLC 的 Q0.0、Q0.1 输出选择水泵的高速和低速。由于变频器有上、

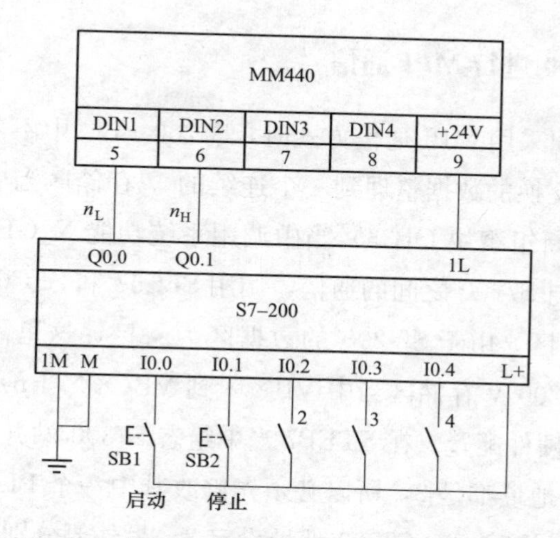


图 7-20　水位控制项目的 PLC 系统硬件接线图

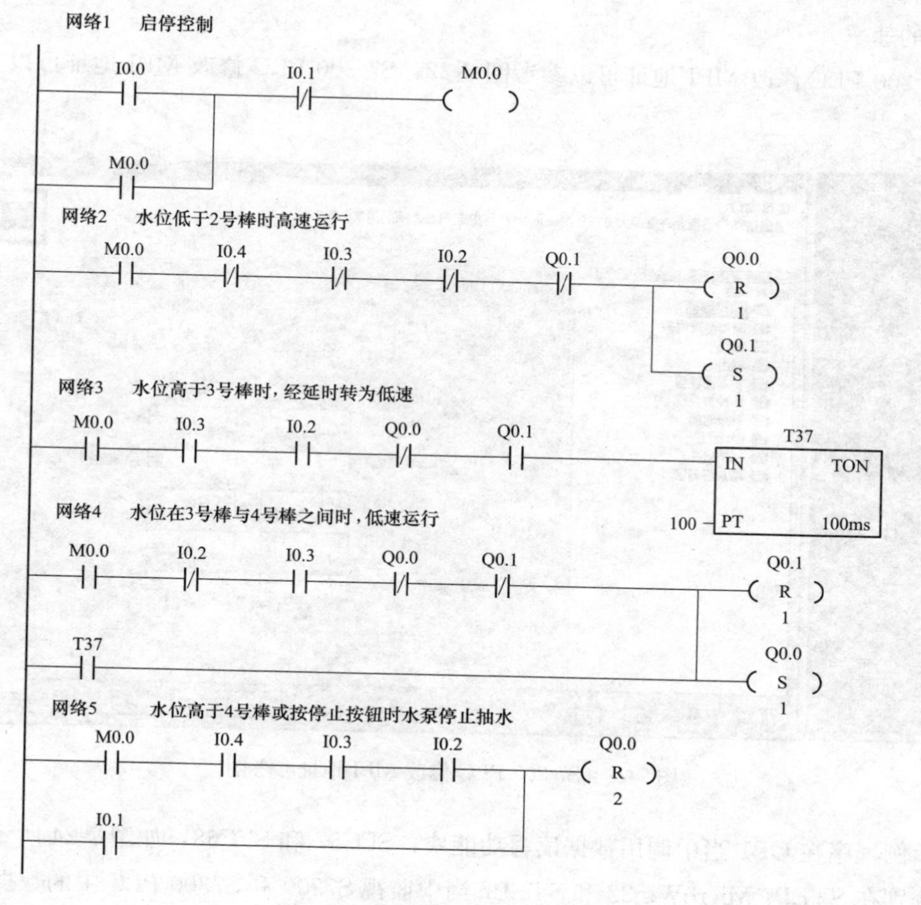


图 7-21　水位控制项目的梯形图

下限频率限制电机的转速，因此 Q0.0、Q0.1 之间不需要互锁。

### 7.3.2 S7-200 和 S7-300 进行 MPI 通信

S7200 与 S7300 之间采用 MPI 通信方式时，S7200 PLC 中不需要编写任何与通信有关的程序，只需要将要交换的数据整理到一个连续的 V 存储区当中即可，而 S7300 中需要在 OB1（或是定时中断组织块 OB35）当中调用系统功能 X_GET(SFC67) 和 X_PUT (SFC68)，实现 S7300 与 S7200 之间的通信，调用 SFC67 和 SFC68 时 VAR_ADDR 参数填写 S7-200 的数据地址区，由于 S7-200 的数据区为 v 区，这里需填写 P＃DB1.×××BYTE n 对应的就是 S7200 V 存储区当中 VB××到 VB(××＋n) 的数据区。

首先根据 S7300 的硬件配置，在 STEP7 当中组态 S7300 站并且下载，注意 S7200 和 S7300 出厂默认的 MPI 地址都是 2，所以必须先修改其中一个 PLC 的站地址，示例程序当中将 S7300 MPI 地址设定为 2，S7200 地址设定 3，另外要分别将 S7300 和 S7200 的通信速率设定一致，可设为 9.6K、19.2K、187.5K 三种波特率，示例程序当中选用了 19.2K 的速率。

S7-200 PLC 修改 MPI 地址可以参考图 7-22，S7-300 PLC 修改 MPI 地址可以参考图 7-23。

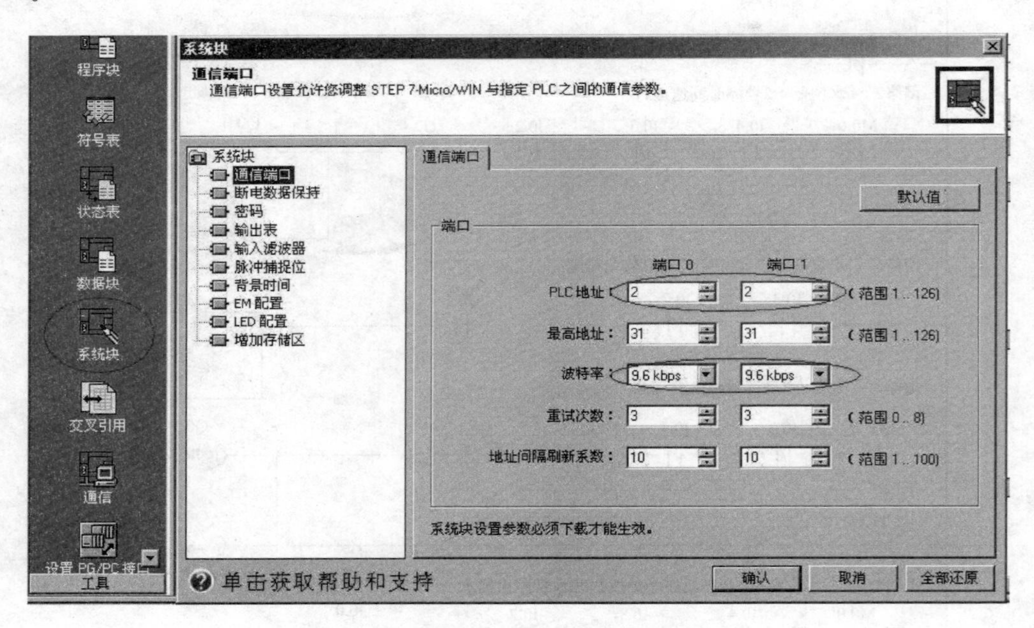


图 7-22 S7-200 PLC 修改 MPI 地址参考图

示例程序在 OB1 当中调用数据读写功能块：SFC67 和 SFC68，如图 7-24 所示。

分别在 STEP7 MicroWin32 和 STEP7 当中监视 S7200 和 S7300 PLC 中的数据，数据监视界面分别如图 7-25 和图 7-26 所示。

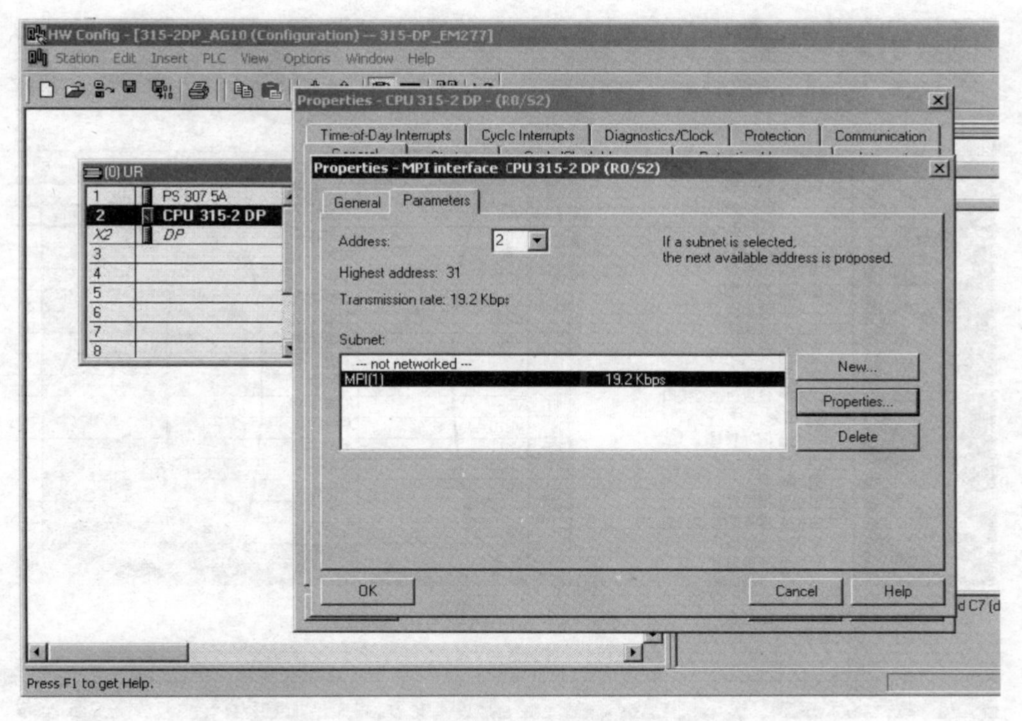

图 7-23　S7-300 PLC 修改 MPI 地址参考图

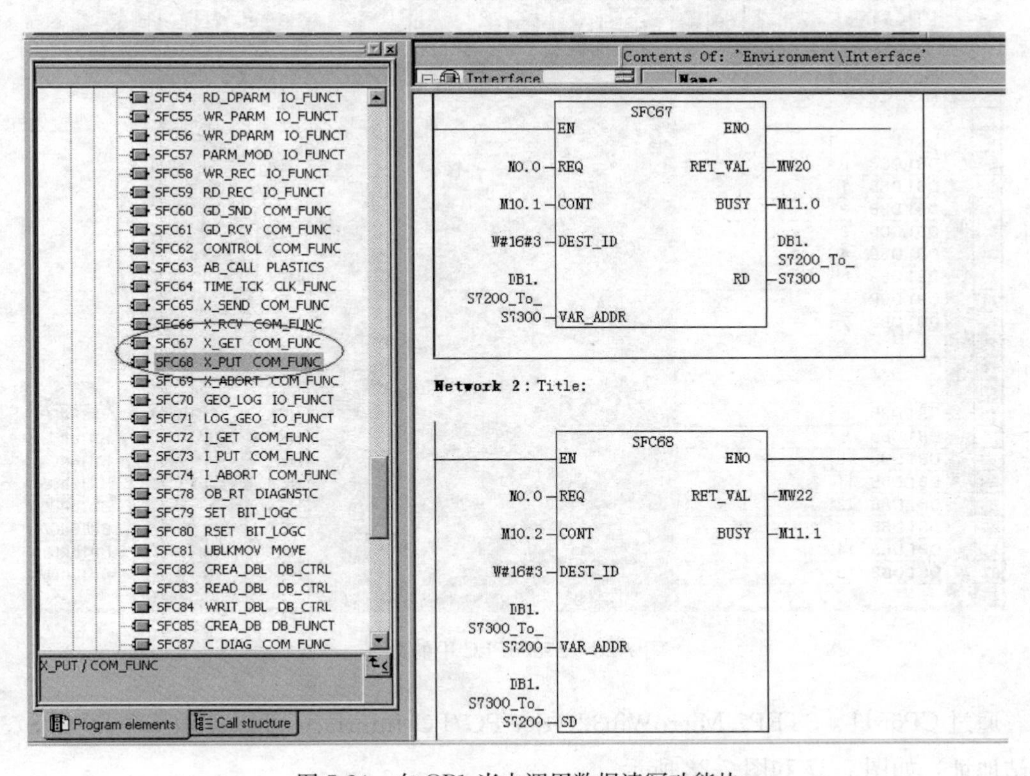

图 7-24　在 OB1 当中调用数据读写功能块

STEP 7-Micro/WIN 32 - 项目1 - [状态图]

文件(F)　编辑(E)　检视(V)　PLC(P)　调试(D)　工具(T)　窗口(W)　帮助(H)

检视：程序块　符号表　状态图　数据块　系统块

项目1(CPU 226 REL 01.22)
程序块
MAIN (OB1)
SBR_0 (SBR0)
INT_0 (INT0)
符号表
状态图
数据块
系统块
交叉引用
通讯
设置PG/PC接口
指令
偏好项目
比较
表
程序控制
浮点数数学计算
计时器
计数器
逻辑操作

| | 地址 | 格式 | 当前值 |
|---|---|---|---|
| 1 | VB0 | 不带符号 | 1 |
| 2 | VB1 | 不带符号 | 2 |
| 3 | VB2 | 不带符号 | 3 |
| 4 | VB3 | 不带符号 | 4 |
| 5 | VB4 | 不带符号 | 5 |
| 6 | VB5 | 不带符号 | 6 |
| 7 | VB6 | 不带符号 | 7 |
| 8 | VB7 | 不带符号 | 8 |
| 9 | VB8 | 不带符号 | 8 |
| 10 | VB9 | 不带符号 | 9 |
| 11 | VB10 | 不带符号 | 10 |
| 12 | VB11 | 不带符号 | 11 |
| 13 | VB12 | 不带符号 | 12 |
| 14 | VB13 | 不带符号 | 13 |
| 15 | VB14 | 不带符号 | 14 |
| 16 | VB15 | 不带符号 | 15 |
| 17 | | 带符号 | |

图 7-25　ST 200 PLC 中的数据

Var - [VAT_1 -- @315_EM277_Universal_1415\315-2DP_AG10\CPU 315-2 DP\S7 Program(1) ONLINE]

Table　Edit　Insert　PLC　Variable　View　Options　Window　Help

| | Address | Symbol | Symbol comment | Displa | Status value | Modify value |
|---|---|---|---|---|---|---|
| 1 | M 10.1 | | | BOOL | true | |
| 2 | M 10.2 | | | BOOL | true | |
| 3 | | | | | | |
| 4 | | | | | | |
| 5 | DB1.DBB 0 | | | HEX | B#16#01 | |
| 6 | DB1.DBB 1 | | | HEX | B#16#02 | |
| 7 | DB1.DBB 2 | | | HEX | B#16#03 | |
| 8 | DB1.DBB 3 | | | HEX | B#16#04 | |
| 9 | DB1.DBB 4 | | | HEX | B#16#05 | |
| 10 | DB1.DBB 5 | | | HEX | B#16#06 | |
| 11 | DB1.DBB 6 | | | HEX | B#16#07 | |
| 12 | DB1.DBB 7 | | | HEX | B#16#08 | |
| 13 | | | | | | |
| 14 | | | | | | |
| 15 | | | | | | |
| 16 | DB1.DBB 8 | | | HEX | B#16#08 | B#16#0A |
| 17 | DB1.DBB 9 | | | HEX | B#16#09 | B#16#09 |
| 18 | DB1.DBB 10 | | | HEX | B#16#0A | B#16#0A |
| 19 | DB1.DBB 11 | | | HEX | B#16#0B | B#16#0B |
| 20 | DB1.DBB 12 | | | HEX | B#16#0C | B#16#0C |
| 21 | DB1.DBB 13 | | | HEX | B#16#0D | B#16#0D |
| 22 | DB1.DBB 14 | | | HEX | B#16#0E | B#16#0E |
| 23 | DB1.DBB 15 | | | HEX | B#16#0F | B#16#0F |
| 24 | | | | | | |

图 7-26　S7300PLC 中的数据

通过 CP5611、STEP7 MicroWin32、Set PG/PC Interface 可以读取 S7200 和 S7300 的站地址，如图 7-27 和图 7-28 所示。

站地址 0 代表进行编程的 PG，即当前连接 PLC 的 PC。

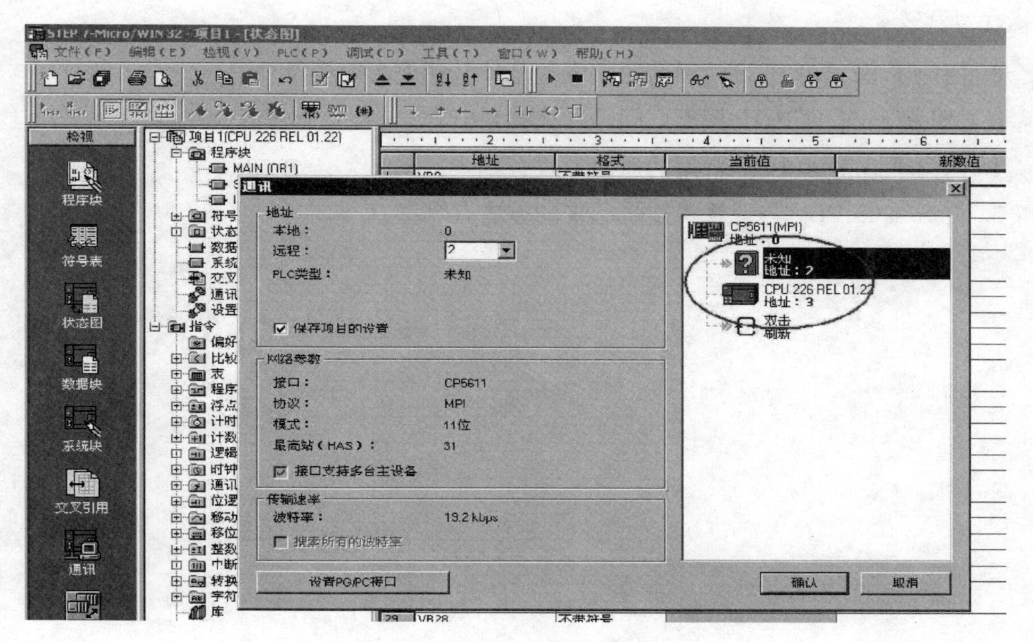


图 7-27　读取 S7200 的站地址

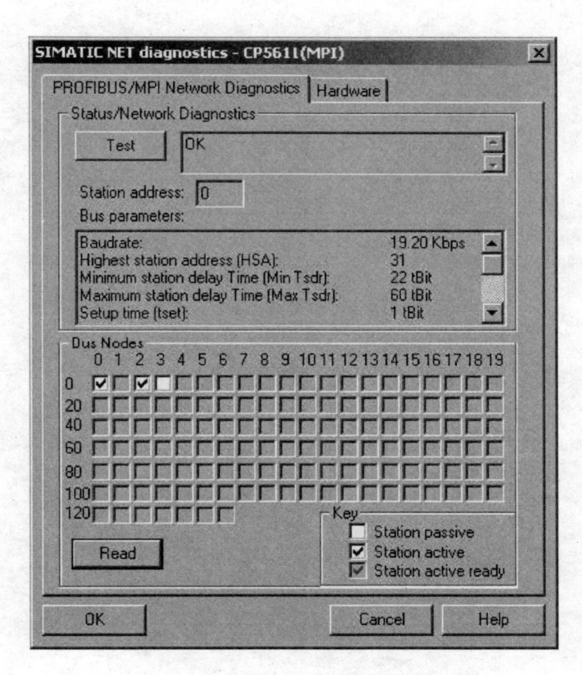


图 7-28　读取 S7300 的站地址

1. 串行通信和并行通信有什么不同？各有什么优缺点？西门子 S7-200 PLC 常用的通

信模式是什么？

2. 西门子 S7-200 PLC 常用的通信设备是什么？怎么连接？

3. OSI 模型与 TCP/IP 模型之间是什么关系？

4. 西门子 S7-200 PLC 常用的通信方式有哪些？

5. 将 S7-200 PLC 与计算机连接起来的方法有哪些？

# 第 8 章　S7-200 PLC 与人机界面

## 8.1　人机交互（HMI）简介

HMI 是 Human Machine Interface 的缩写，人机接口，也叫人机界面、人机交互、用户界面或使用者界面。它是系统和用户之间进行交互和信息交换的媒介，实现信息的内部形式与人类可以接受形式之间的转换。凡参与人机信息交流的领域都存在着人机界面。HMI 提供了机器控制设备（PLC）和操作人员间的联系。HMI 可以显示设备的工作状态；而操作人员也可以通过 HMI 向设备发送指令，控制设备的运行。例如，一个温度控制系统，实际温度可以在 HMI 上显示，温度控制的设定值也可以通过 HMI 写入到控制器内，用作 PID 温度控制的给定。

HMI 上的显示、操作元素需要与 PLC 的内部数据建立对应关系才能工作。建立这种关系需要一些专门的软件来进行，称为 Configuring（配置或配置）。

HMI 必须支持 PLC 的 CPU 或者通信模块上的通信口的硬件标准（有时需要进行转换）和数据通信协议。是否完全支持相应的协议决定了 HMI 是否能够顺利实现预期的功能。

## 8.2　西门子人机交互（HMI）概述

西门子专为 S7-200 PLC 开发了 HMI 产品，其中典型的是 TP170 micro 和 TD 200/TD 200C。TP170 micro 的配置需要 WinCC Flexible；TD 200 产品的配置软件包括在 S7-200 编程软件 Micro/WIN 中。除此之外，西门子还有很多 HMI 产品可以连接到 S7-200 使用。

计算机也可以作为 HMI 连接到控制装置充当 HMI。典型的包括西门子的 ProTool Pro RT（运行版）、WinCC Flexible 等。西门子还提供了一个 OPC Server（服务器）产品 PC Access，PC Access 安装在作为 HMI 使用的计算机上，在同一计算机上运行的 HMI 软件与其连接，达到间接访问 PLC 的目的。与 PC Access 连接的 HMI 软件必须支持 OPC。本章主要以 TD 200 为例介绍西门子的基本配置。

TD 200 可通过以下几种方式与 S7-200 连接：

（1）TD 200 单独连接到 CPU 通信口或 EM277 通信口，用与 TD 200 一起提供的 TD/CPU 电缆连接，此时 TD 200 的 24V DC 电源由 CPU（或 EM277 模块）提供，不要再外接 24V DC 电源，否则会导致损坏。

（2）TD 200 连接到网络中的 CPU 通信口上，多个 S7-200 CPU 联网，如果还需要连接 TD 200，可在这个 CPU 通信口上使用“带编程口”的网络连接器，在与其他 CPU 组成网络的同时，从 TD 200 来的电缆连接到扩展出来的编程口上。此时 TD 200 的 24V DC 电源由 CPU（或 EM277 模块）提供，不要再外接 24V DC 电源，否则会导致损坏。

（3）TD 200 接入通信网络，或 CPU 连接多个 TD 200，使用网络连接器（PROFIBUS 网络插头），通过 PROFIBUS 电缆将 TD 200 接入网络。这时 TD 200 与其他 CPU（或 TD 200）等通信站组成了一个线型网络。如果 CPU 上使用“带编程口”的网络连接器，插上编程电缆就是一个多主站编程网络。通过 PROFIBUS 电缆连接 TD 200，这时只连接了通信信号线（3 和 8 针），没有连接电源线（2 和 7 针）。要外接 24V DC 电源为 TD 200 供电，如图 8-1 所示。

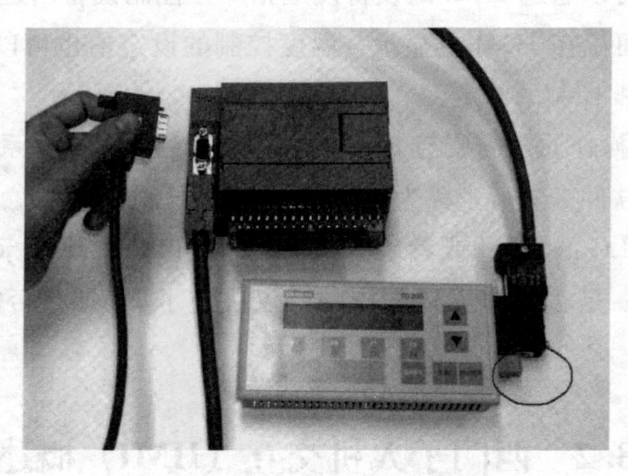

图 8-1　通过 PROFIBUS 电缆连接 TD 200

通过 PROFIBUS 电缆连接 TD 200 时应注意：

（1）TD 200 通过 PROFIBUS 网络连接器和电缆连接到 S7-200 CPU 通信口上的网络连接器，等于接入了网络。CPU 通信口上的网络连接器还可以连接到其他通信站点（第三种连接方式）。

（2）CPU 上的 PROFIBUS 插头是带编程口的，可以用于插编程电缆（如 PC/PPI 电缆，这时是多主站编程连接），或者连接其他 TD 200（第二种连接方式）。

（3）图 8-1 的红圈内为电源连接器，用于连接外部 24V 电源（此种连接方式下必须）。

（4）一个 CPU 连接多个 TD 200 也必须通过第三种连接方法。

（5）图 8-1 中 CPU 的输入端子连接的是输入模拟器。

当 CPU 的通信口被自由口通信所占用时，或 TD 200 与 CPU 的距离超过 50 米时，可用 EM277 模块连接 TD 200 与 CPU。这时，应当在 TD 200 设置菜单中将 EM277 的地址设置为 CPU 地址。

## 8.3　TD 200 基本配置

### 8.3.1　安装 TD 200

第一步：选择 TD 200 型号及版本。选择界面如图 8-2 所示。

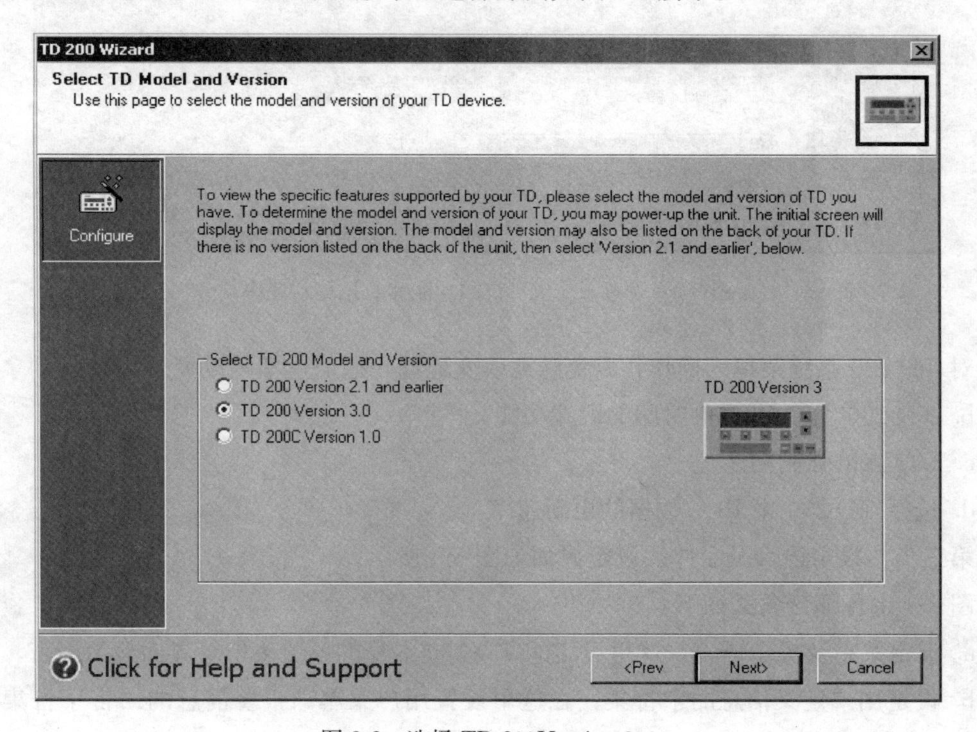


图 8-2　选择 TD 200Version 3. 0

注意，Micro/WIN V4. 0 的向导可以对三种型号和版本的 TD 进行编程。用户可根据自己的 TD 的型号和版本号来选择。

确定 TD 型号和版本号有两种方法：给 TD 上电，初始画面会显示 TD 的型号和版本号；可以在 TD 的背面发现其型号和版本号，如果没有版本号，则在上图中选择“Version 2. 1 and earlier”。

第二步：选择及定义 TD 的功能和数据更新速率。选择及定义界面如图 8-3 所示。

图 8-3 中各部分含义如下：

a. 密码保护功能，设置的密码为 4 个数字，不能设为字符。此密码用来防止未经许

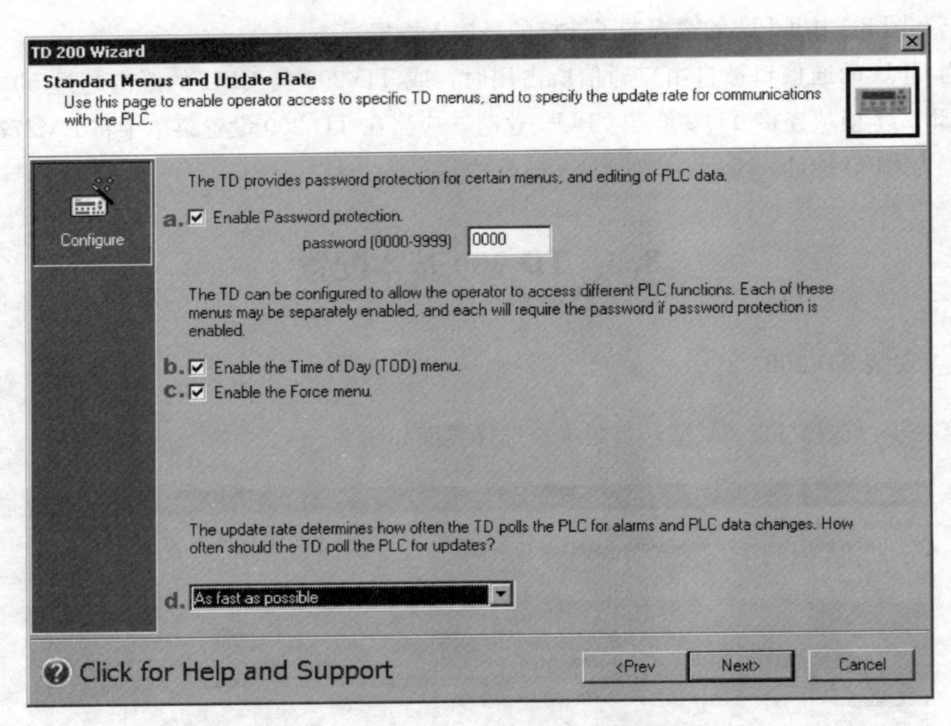


图 8-3　选择及定义 TD 的功能和数据更新速率

可的对 TD 200 系统菜单的操作，以免随意改变地址、通信速率等设置。

b. TD 200 上对 PLC 中时间的设置功能。

c. I/O 点的强制功能。

d. 选择 TD 200 中 PLC 数据的更新速率。

第三步：设定语言及字体。设定界面如图 8-4 所示。

图 8-4 中各部分含义如下：

a. 设定菜单及提示语言，这里设定的 TD 200 本身的系统菜单等界面显示语言。

b. 设定用户定义信息的字符集，在这里设置用户菜单、报警消息的语言字符集。如果想显示汉语消息，必须在这里设置汉字字符集。

第四步：定义按键功能。定义界面如图 8-5 所示。

加上 SHIFT 组合键功能，TD 上可提供 8 个功能键直接控制 PLC 中的数据位。每一个键都可以设置成置位或瞬时接通功能。

注意：TD 200 V3.0 或 TD 200C V1.0 不再需要用户为功能键（F1-F8）分配地址，向导将自动为其分配 V 区的地址。如果用户重新修改了向导，可能会引起已分配的功能键地址的改变，用户在逻辑编程时需加以注意。

功能键的地址（及其符号名）可以在 Micro/WIN 的“符号表”中 TD_SYM_x 标签中查看。

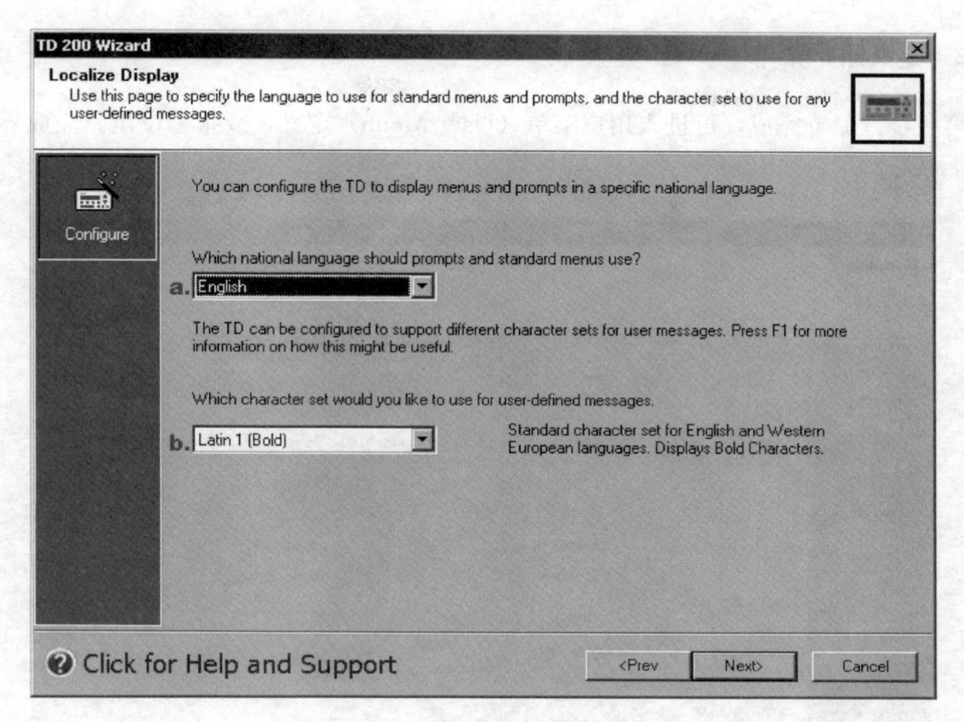


图 8-4　设定语言及字体

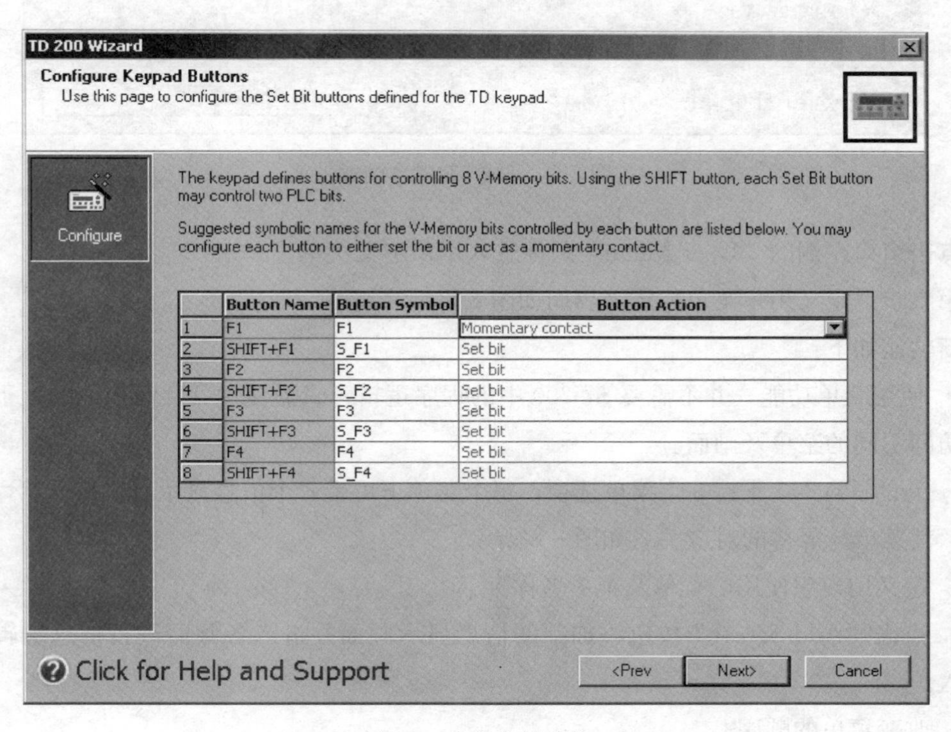


| | Button Name | Button Symbol | Button Action |
|---|---|---|---|
| 1 | F1 | F1 | Momentary contact |
| 2 | SHIFT+F1 | S_F1 | Set bit |
| 3 | F2 | F2 | Set bit |
| 4 | SHIFT+F2 | S_F2 | Set bit |
| 5 | F3 | F3 | Set bit |
| 6 | SHIFT+F3 | S_F3 | Set bit |
| 7 | F4 | F4 | Set bit |
| 8 | SHIFT+F4 | S_F4 | Set bit |

图 8-5　定义按键功能

### 8.3.2 定义用户菜单

第一步：配置完成，可进入用户菜单（User Menu）定义，或报警设定。完成界面如图 8-6 所示。

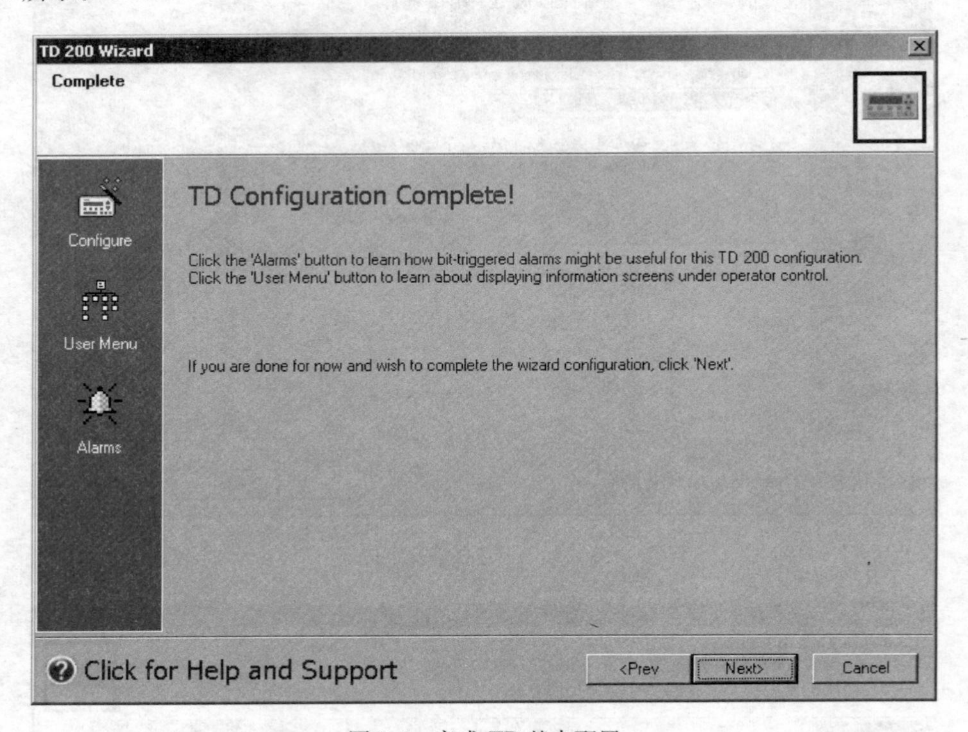


图 8-6 完成 TD 基本配置

点击窗口左侧的“User Menu”图标进入用户定义菜单。

第二步：定义用户菜单。定义界面如图 8-7 所示。

新功能如下：

• 使用菜单功能，并不需要 S7-200 中的程序逻辑，只需使用 TD 面板上的上下箭头即可访问不同的菜单及画面。

• 新的 TD 200 支持 8 个菜单选项，每个菜单下可带 8 个信息显示屏，按照第六步的定义，其菜单与屏幕的对应关系如图 8-8 所示。

a. 定义用户想使用的菜单及菜单名称。

b. 点击“Add Screen”按钮添加新的信息显示画面并进入各画面进行信息编辑及数据嵌入。

c. 改变菜单的顺序。

d. 删除当前的菜单选项。

第三步：进入画面进行信息编辑。编辑界面如图 8-9 所示。

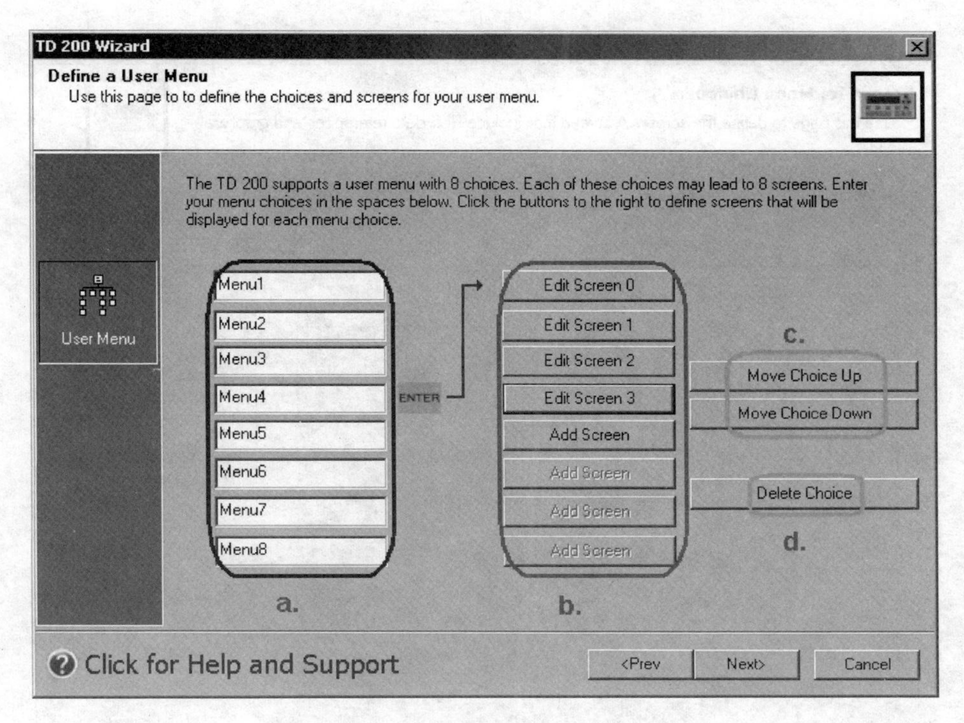


图 8-7　用户菜单定义界面

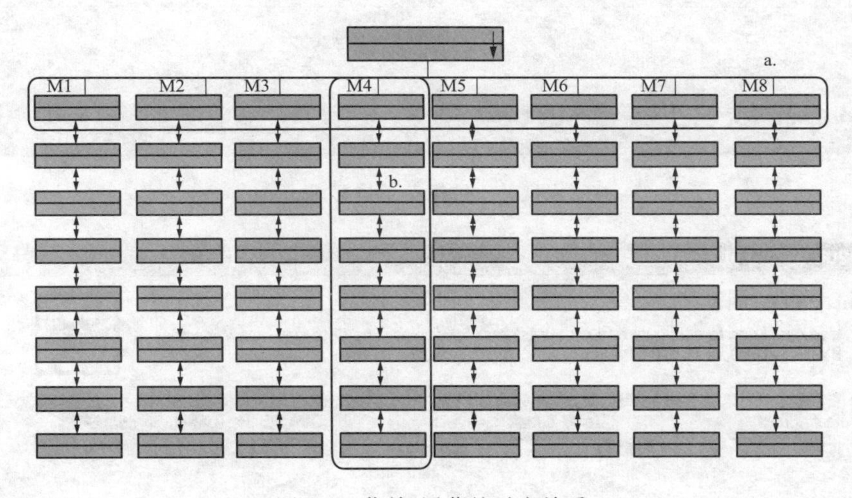


图 8-8　菜单-屏幕的对应关系

图 8-9 中 a. 含义为选中此选项将使当前屏幕成为默认的菜单显示画面，默认画面将在 CPU 上电后，或者使用 ESC 键退回到初始画面时显示。

如果 TD 使用菜单模式为默认显示模式，正常运行时画面将停留在操作人员选择的页面，而不会自动回到默认画面。

第四步：点击“Insert PLC Data”按钮，嵌入并定义 PLC 数据。定义界面如图 8-10 所示。

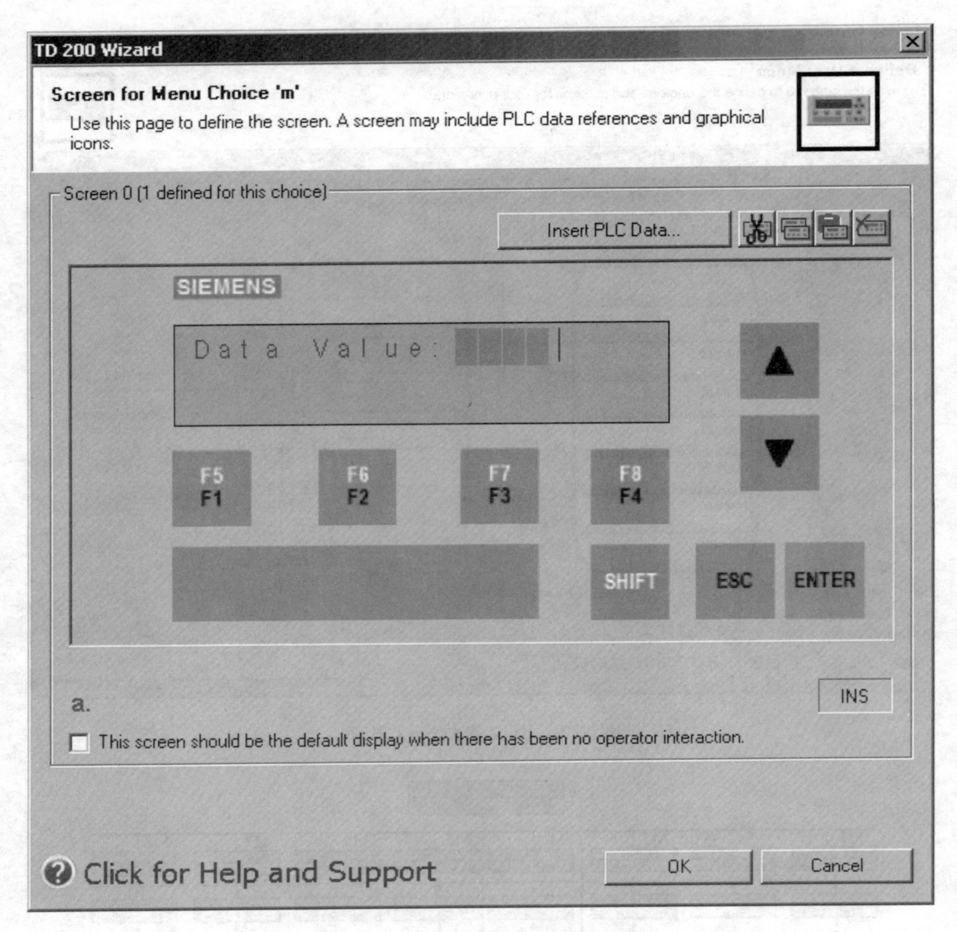


图 8-9 编辑菜单屏显示

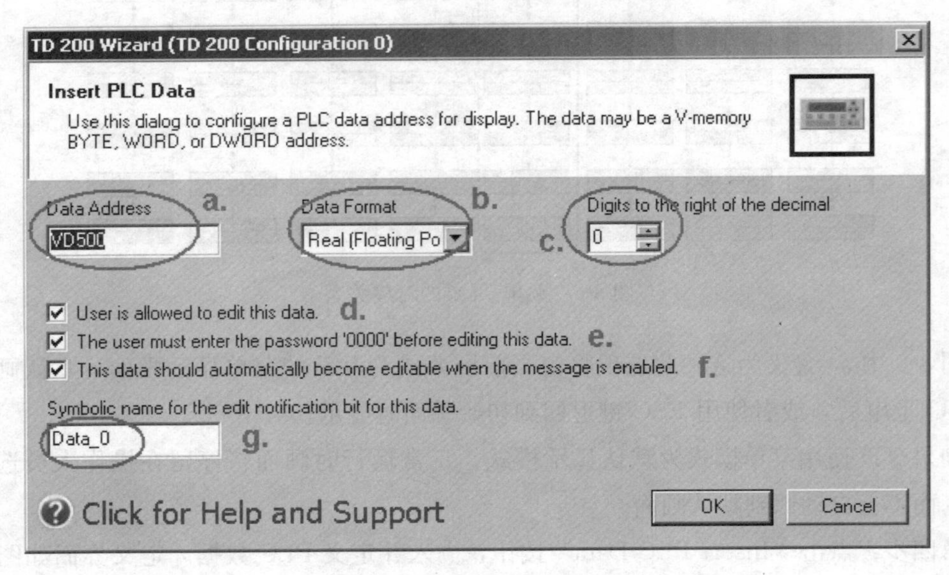


图 8-10 定义嵌入数据

图 8-10 中应定义部分含义如下：

a. 输入 PLC 数据单元地址。TD 200 中只能嵌入 V 存储区的数据，嵌入的数据可以是 VB、VW、VD。此地址一旦设定不会因为其在信息中的位置的改变而改变。

b. 定义数据类型，可以为：

- VB（数字字符串、字符串）。
- VW（有符号数、无符号数）。
- VD（有符号数、无符号数、实数即浮点数）。

c. 指定显示几位小数，对于实数，如果指定显示小数位数为“0”也无法显示小数部分。对于整数，如果指定小数位数，在显示时看起来就是小数，而 PLC 内部当作整数来处理，相当于输入数据的若干个 10 倍数。这实际上是定点数。

d. 使能数据编辑功能，即可以修改数据。注意，在 TD 200 上修改完数据必须按“ENTER”键确认后，改变的数值才能生效，并被写入 CPU 中。

e. 使能数据编辑的密码保护功能，即在编辑该数据前必须先输入正确的密码。使用此功能必须在基本配置第二步的 a. 项打开系统的密码保护功能，编辑数据的密码与系统密码相同。

f. 当切换到该画面后，该数据自动激活编辑状态，用户可以立即修改。

g. 数据编辑通知位的符号名（可在符号表中找到其地址）。

h. 每一数据都有一个对应的数据编辑通知位，该位在用户对此数据进行编辑后（编辑用 Enter 键结束），会自动置位为 1，且不会自动复位。用户可根据此位改变来编程实现一些动作，并且编程将其复位，以便以后继续识别该位的改变。

### 8.3.3　报警设置

第一步：设置报警选项。设置界面如图 8-11 所示。

图 8-11 中选项部分含义如下：

a. TD 200 支持两种长度的报警，用户可以选择其中一种长度。

b. 选择屏幕缺省的显示模式：

- 如果选择缺省显示模式为用户屏幕（User screens），则 TD 200 缺省显示用户屏幕，当有报警激活时，所有用户屏幕会显示一个闪烁的惊叹号，提示有报警。如果画面中有嵌入数据，且在数据编辑状态，画面上不会显示报警提示符，只有退出编辑状态后才会显示。若要查看报警需要按“ESC”键切换到“DISPLAY ALARMS”，并按“Enter”键进入。当报警条件清除后，用户屏幕上的惊叹号会自动消失，此时若切换到“DISPLAY ALARMS”，则会显示“NO ALARMS ACTIVE”。
- 如果选择缺省显示模式为报警（Alarms），则 TD 200 缺省显示报警画面，当没有

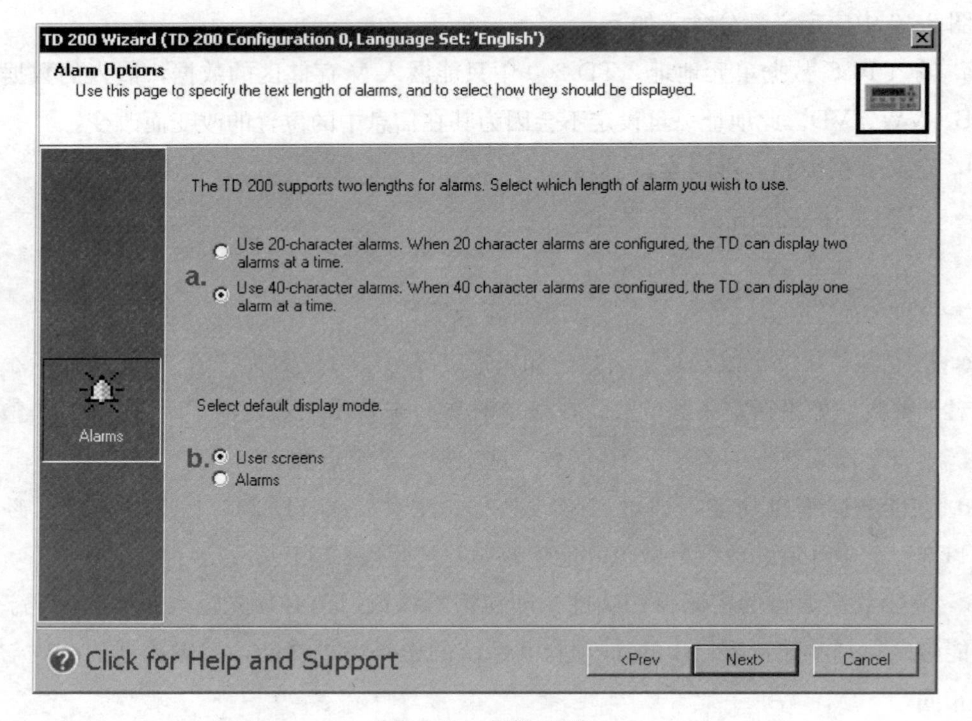


图 8-11　报警选项

报警画面激活时则显示“NO ALARMS ACTIVE”。若要查看用户屏幕需要按“ESC”键切换到“USER MENU”，这时即使有报警激活，用户屏幕也不会显示惊叹号作为报警提示，因为此时缺省显示即为报警画面。

• 如果有多个报警画面激活，当前的报警画面右侧会显示上下箭头，上箭头表示有更高优先级的报警画面激活，下箭头表示有更低优先级的报警画面激活，可以用上下箭头翻看其他报警。缺省的报警画面总是显示优先级最高的报警画面，报警画面按优先级顺序显示。优先级是由报警画面的添加顺序决定的。第一个画面具有最高的优先级，最后一个画面具有最低的优先级。

• 如果有多个报警消息同时触发，停留在一个报警画面中不进行任何操作，TD 会在 10s 后回到优先级最高的报警显示画面。

• 如果 TD 200 不在缺省显示状态，在用户没有任何操作后，延时一分钟，TD 200 会自动回到缺省设置的显示模式。

第二步：定义报警画面及嵌入数据。定义界面如图 8-12 所示。

图 8-12 中选项部分含义如下：

a. 输入报警文本及嵌入数据。

b. 当前报警的名字。

c. 选择报警需要确认：

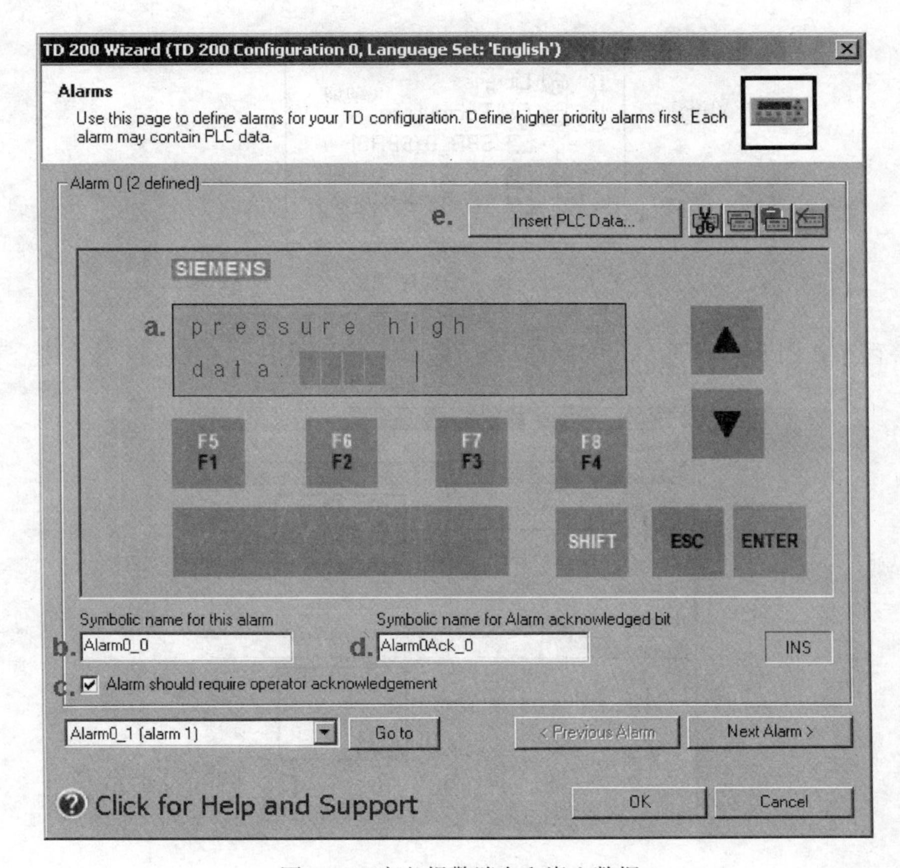


图 8-12　定义报警消息和嵌入数据

如果报警需要确认，则显示的报警画面在报警使能条件清除后，按“Enter”键确认后，此报警画面才能消失，用户才能接着翻看其他报警画面。需要确认的报警画面，如果报警条件未清除，报警是不能用“Enter”键确认掉的，虽然此时报警确认位已经设置 1。

此处定义了报警的确认位，当报警被确认后，此位被置位。如果报警未被确认，即使触发报警的条件已经复位，正在显示的报警画面还会继续闪烁。报警确认位一旦置 1，不会自己复位，用户如果想用此位，必须自己在程序中根据条件复位。

注意：需要确认的报警，必须在报警画面中按“ENTER”键确认；普通报警将在触发条件消失后自动清除。

d. 点击此按键嵌入数据，数据定义方法与菜单画面中嵌入数据相同，而且嵌入数据的地址一旦设定不会因为其在信息中的位置的改变而改变。

第三步：编程，根据逻辑条件触发报警。

使用 TD 200 向导生成的子程序来激活报警消息显示。调用子程序的方法如下图所示，用鼠标双击该子程序或将其拖到相应位置。子程序位置如图 8-13 所示。

图 8-13　子程序位置

报警程序如图 8-14 所示。

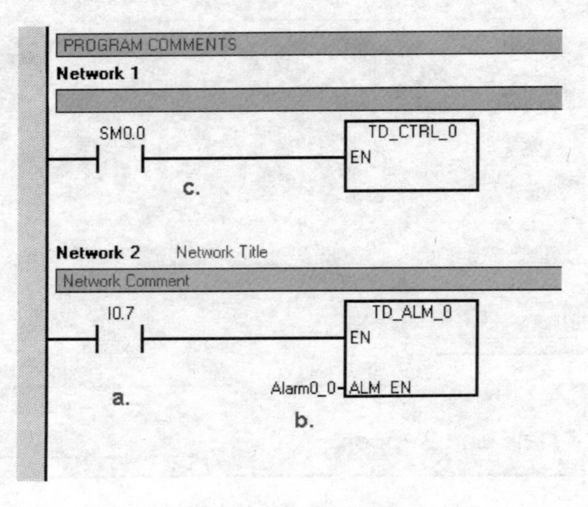


图 8-14　报警程序

图 8-14 中标示部分功能如下：

a. 条件激活报警使 TD 200 显示该报警画面。

b. 选择报警使能位，即决定了激活哪个报警。Micro/WIN 缺省情况下使用符号寻址，报警控制位的符号地址可以手工输入，也可以点击鼠标右键，使用快捷菜单中的 Select Symbol 命令，选择要激活的报警使能位。当然也可以直接输入绝对地址（绝对地址在 Micro/WIN 的“符号表”中可以查到）。

c. 你也可以像以前（TD 200 V2.1 或更早版本）一样，使用使能标志位来激活不同的报警画面。

d. 使用 SM0.0 调用 TD_CTRL_x 子程序。此子程序的主要功能是处理报警信息等的显示，只能在（主）程序中调用一次。

e. 应注意此子程序调用与报警触发程序的相对位置。为保持报警功能正常运行，应在所有报警触发程序调用之前调用此子程序。若要“记忆”关键的报警信息，应把它配置为“需确认”的报警，则不会随触发条件的消失而自动不显示。

### 8.3.4　多语言配置及切换

只有定义了 User Menu 或 Alarms 的文本显示内容后，TD 200 向导的左侧才会出现语言设置的功能选项。语言设置允许用户在线在两种语言间切换。

点击进入语言设置。

当一个配置有多种语言设置时，只有在基本语言设置里才能添加/删除信息和 PLC 数据。

第一步：选择语言设置。选择界面如图 8-15 所示。

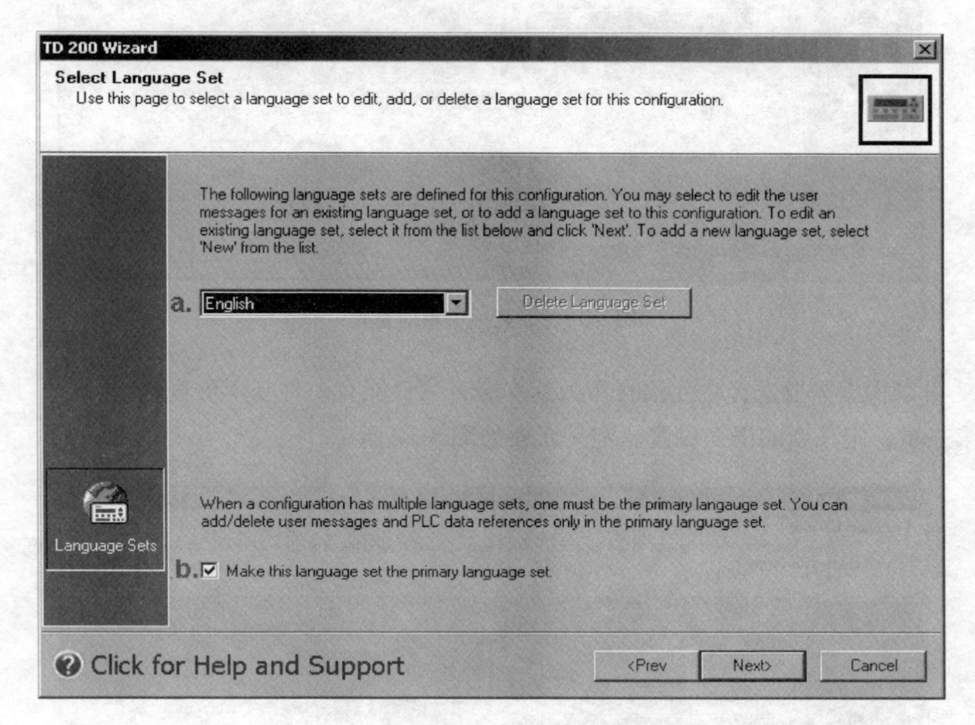


图 8-15　选择语言

图 8-15 中标示部分含义如下：

a. 进入语言设置后，显示的是你配置用户菜单和画面时所使用的语言。

b. 指定配置用户菜单和画面时所使用的语言为画面的基本语言设置。

此时需要定义新的语言作为基本语言的切换语言，按 Next 按钮，定义界面如图 8-16 所示。

图 8-16 中标示部分含义如下：

a. 打开 a. 处的下拉菜单，选择创建一个新语言来编辑（翻译）用户菜单/消息，或者选择一个已经存在的语言来重新编辑已存在的用户菜单/消息。

b. 指定你要翻译的语言，即母本。如果目前只有一种语言，就不能改变。

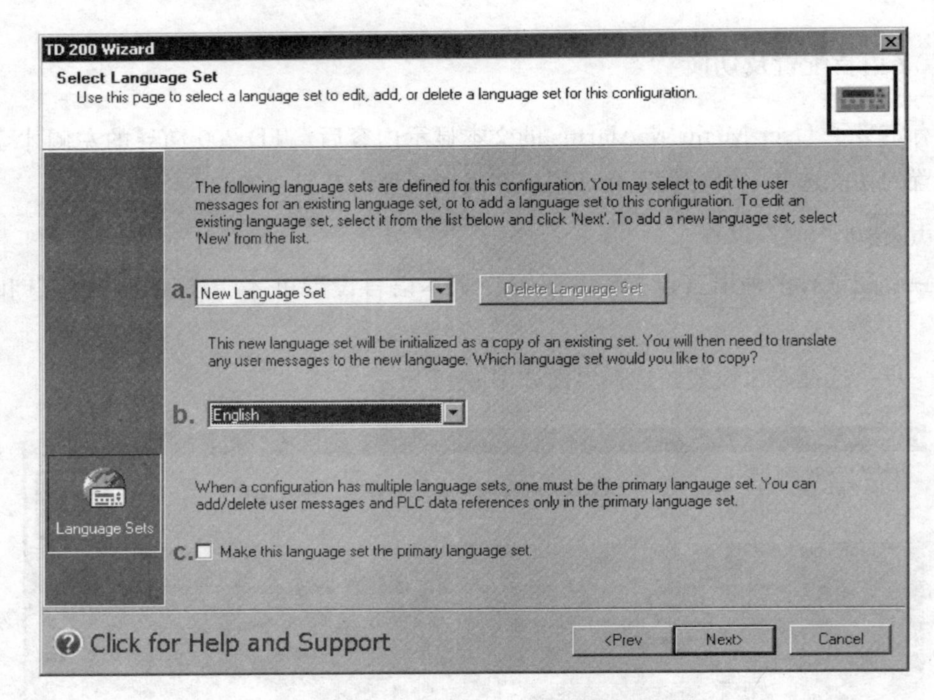


图 8-16　定义一个新语言集

c. 可以根据需要选择将此语言作为基本语言（只能有一种基本语言）。

第三步：定义新的语言设置。定义界面如图 8-17 所示。

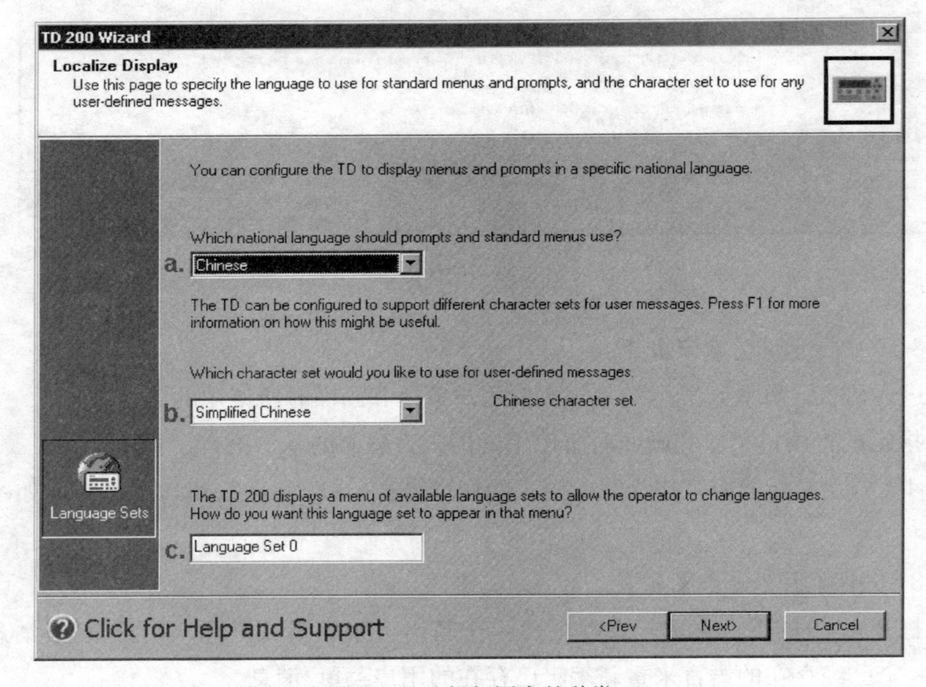


图 8-17　选择新语言的种类

图 8-17 中标示部分含义如下：

a. 定义哪种语言作为新的语言设置中的菜单及提示语言。

b. 定义信息字符集。

c. TD 200 中显示语言设置的菜单来允许用户改变语言，此处定义该语言设置在菜单中的名称。

d. 可以改动缺省的语言名称。此处设置的名称将在 TD 200 中使用系统菜单切换语言时显示。应该使用在当前语言设置下能够正常显示的语言文本。如在基本语言为英文、准备切换为中文时，在此输入英文的“Chinese”为好。

第四步：进入用户菜单或者报警设置翻译已有的信息文本。

一定要定义完用户画面中的文本及嵌入数据后，并且确认不再改动后，再做文本的翻译。否则，一旦重新编辑基本语言中的信息或数据后，所有翻译都成为空白，需要重做。定义语言集界面、选择翻译语言界面和进行显示文本翻译界面分别如图 8-18～图 8-20 所示。

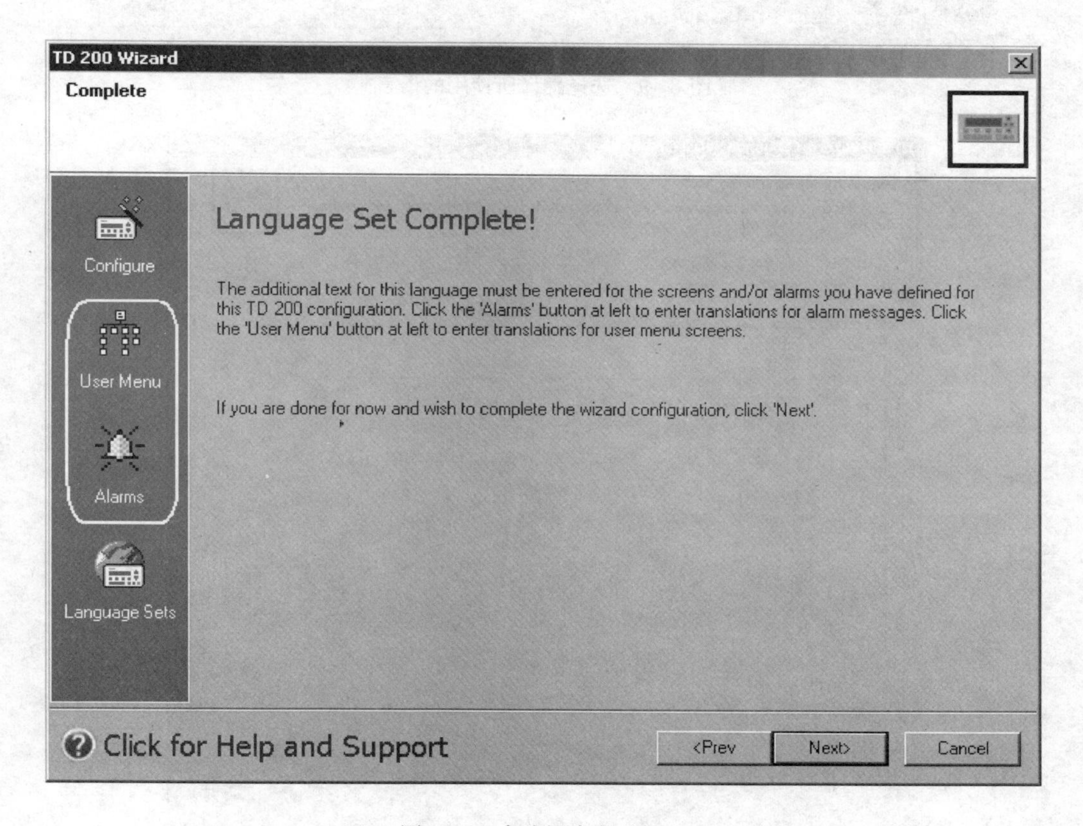


图 8-18　完成语言集的定义

在语言设置界面的窗口标题栏将显示正在编辑的是哪个语言。

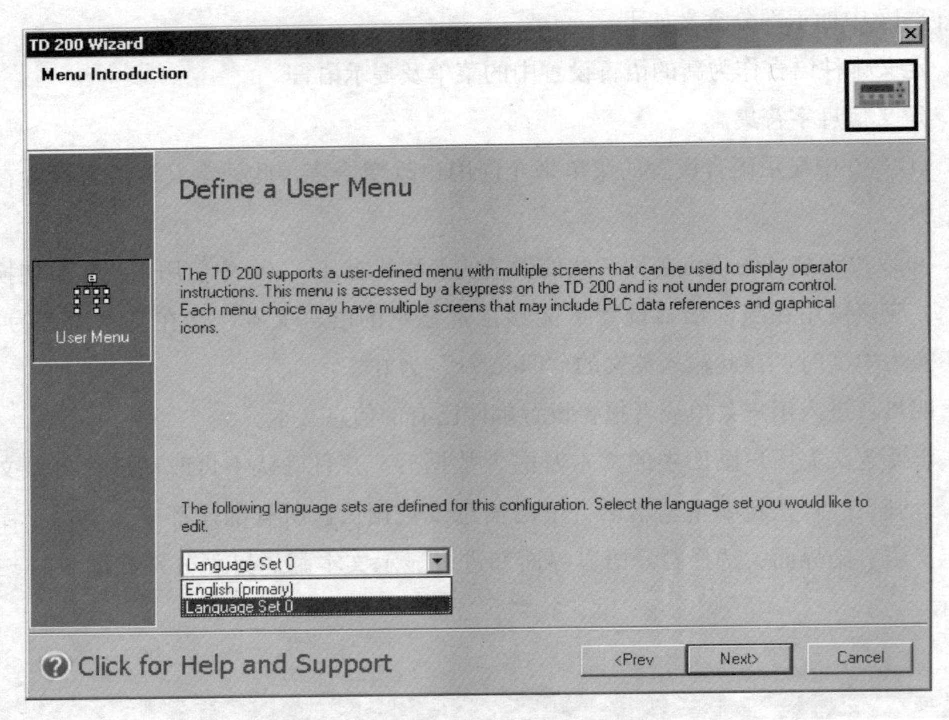


图 8-19　选择翻译所使用的语言

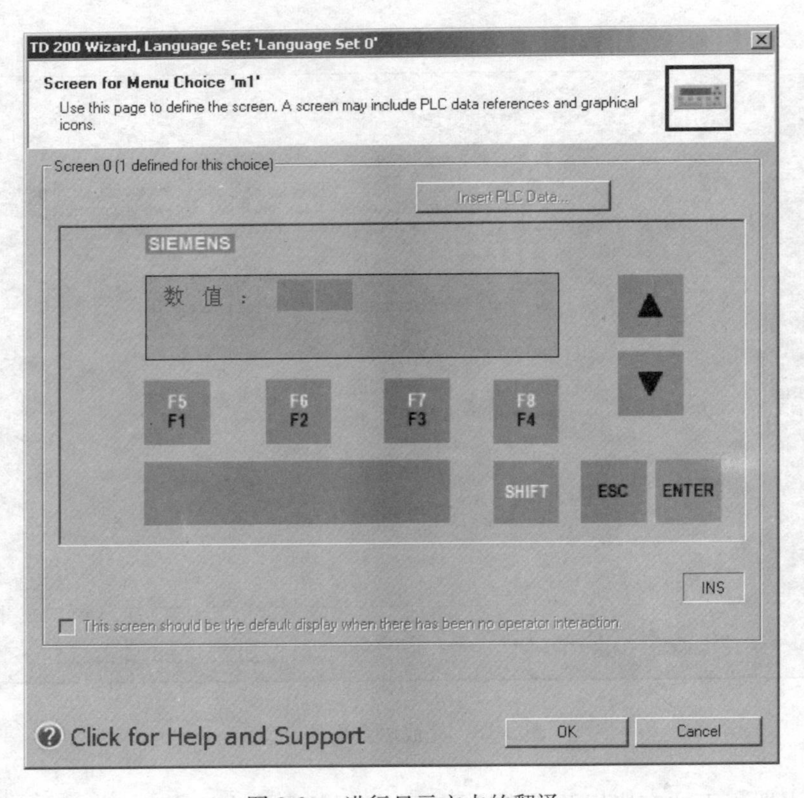


图 8-20　进行显示文本的翻译

## 8.3.5　完成向导配置

第一步：分配存储区。分配界面如图 8-21 所示。

根据需要完成向导左侧的所有配置后，点击“Next”（下一步）会进入分配用户存储区画面：

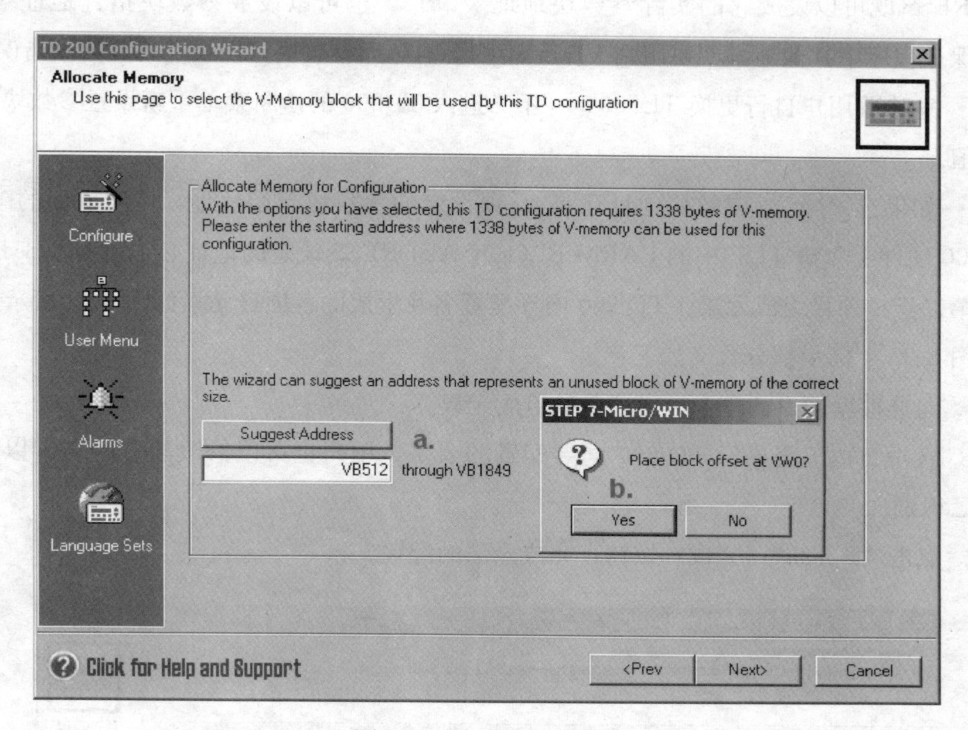


图 8-21　分配数据存储区

a. 分配向导所使用的 V 存储区地址：

• 在画面上方会根据用户的配置显示所需的不同的 V 存储区的大小。用户的配置不同，所需的存储区大小也不同。

• 用户可以自己分配一个程序中未用过的 V 存储区，也可以点击“Suggest Address”按钮让向导自动分配一个程序中未用过的 V 存储区地址。

• 为不同的 TD 200 设置不同的参数块地址，允许你将多个 TD 200 连接到同一 CPU 上（它们显示的内容不同）。

• 注意：此处设定的参数块起始地址为 VB512，VB512 即为“TD”参数块地址，则 TD 200 中的 SETUP 中的 PARM BLOCK ADDRESS 设定的地址要与它一致，即为 VB512（默认设置为 VB0）。且 CPU 程序中绝对不能占用这个区域的地址，否则会引起无参数块错误或乱码及数据错误。

b. 如果在 a. 中设置的数据区不是以 VB0 开始，按“Next”按钮会出现此消息框。选择是否将参数块的偏移地址放到 VW0 中：

• 如果选“Yes”，向导会自动将参数块地址（此处是 VB512）放到 VW0 中，也就是 VW0 成为参数块地址的指针。此时 TD 200 硬件上，SETUP 中的 PARM BLOCK ADDRESS 既可以设成它的实际参数块地址 VB512，也可以设成参数块指针地址 VB0，但要保证程序中其他地方不要用到 VB0，否则会引起无参数块错误或乱码及数据错误。

• 意味着用户自行更换 TD200 时，不必进入 TD200 的诊断菜单重新设置参数块地址出厂值。

• 如果选“No”，参数块地址还是 a. 项设定的参数块起始地址，按照上面的配置，TD 200 硬件上，SETUP 中的 PARM BLOCK ADDRESS 设定的地址必须设为 VB512。

第二步：项目组成元素。TD 200 向导配置名及生成的各项目元素如图 8-22 所示。

图 8-22 中标示部分含义如下：

a. 向导根据用户的配置显示项目的组成元素。

b. 在项目树下会显示 TD 200 向导配置的名字，用户也可以修改缺省的名字以便用户自己识别。

c. 点击“Finish”（完成）按钮，完成全部的配置。

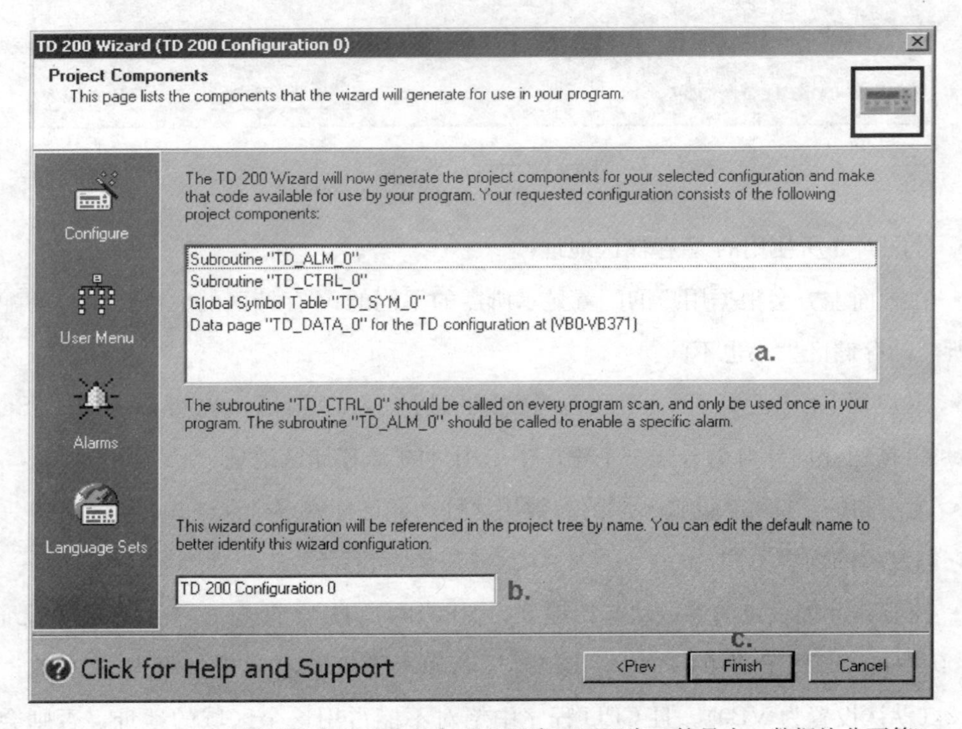


图 8-22　TD 200 向导配置名及生成的各项目元素（子程序、符号表、数据块分页等）

## 8.4　示例：基于S7-200及西门子人机界面触摸屏的温度控制设计

**1. 项目任务**

在恒温箱内装有一个电加热元件和一个风扇，电加热元件和风扇的工作状态只有OFF和ON，不能自行调节。现要控制恒温箱的温度恒定，且在25～100℃内可调，如图8-23所示。

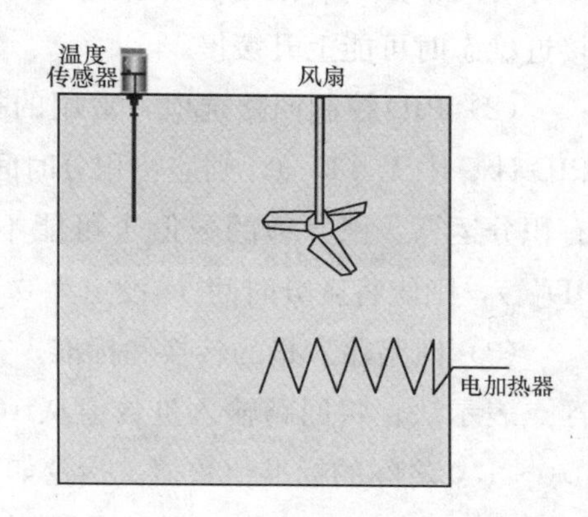


图8-23　恒温箱模型

**2. 硬件选型和系统设计**

（1）在S7-200中，模拟量输入/输出信号，单极性数值范围是0～32 000；双极性数值范围是－32 000～＋32 000。

（2）触摸屏选型为TP177B/OPTP177B的西门子人机界面。

（3）温度传感器选型。选择PT100的热电阻，带变送器。测量范围为0～100℃，输出信号为4～20mA，串接电阻把电流信号转换成0～10V的电压信号，送入PLC的模拟量输入端口。

（4）PLC的I/O口分配如下：

Q1.0：控制接通加热器输出；

Q1.1：控制接通制冷风扇输出；

AIW0：接收温度传感器的温度检测值（输入）。

**3. PLC编程**

（1）PID控制算法。在工业生产过程控制中，模拟量PID（由比例、积分、微分构成的闭合回路）调节是常用的一种控制方法。PID控制算法公式如下：

典型PID算法输出＝比例项＋积分项＋微分项

计算机在周期性地采样并离散化后进行PID运算，算法如下：

$$Mn = Kc \times (SPn - PVn) + Kc \times (Ts/Ti) \times (SPn - PVn) + Mx + Kc \times (Td/Ts) \times (PVn-1 - PVn)$$

比例项：能及时地产生与偏差（SPn－PVn）成正比的调节作用，比例系数Kc越大，比例调节作用越强，调节速度越快；但Kc过大会使系统输出量振荡加剧，稳定性降低。

积分项：与偏差有关，只要偏差不为0，PID控制的输出就会因积分作用而不断变化，直到偏差消失，系统处于稳定状态，所以积分的作用是消除稳态误差，提高控制精度；但积分的动作缓慢，给系统的动态稳定带来不良影响，很少单独使用。从式中可以看出：积分时间常数增大，积分作用减弱，消除稳态误差的速度减慢。

微分项：根据误差变化的速度（即误差的微分）进行调节，具有超前和预测的特点。微分时间常数 Td 增大时，超调量减少，动态性能得到改善；如 Td 过大，系统输出量在接近稳态时可能上升缓慢。

（2）PID 控制回路选项。常用的控制回路有 PI、PID。如果不需要积分回路（即在 PID 计算中无“I”），则应将积分时间 $T_i$ 设为无限大。由于积分项 $M_x$ 的初始值，虽然没有积分运算，积分项的数值也可能不为零。如果不需要微分运算（即在 PID 计算中无“D”），则应将微分时间 $T_d$ 设定为 0.0。

（3）回路输入量的转换和标准。在 PLC 进行 PID 控制之前，必须将其转换成标准化浮点表示法。将回路输入量数值从 16 位整数转换成 32 位浮点数或实数。将实数转换成 0.0～1.0 之间的标准化数值。指令如下：

```
/R      32000.0，AC0     //使累加器中的数值标准化
+R      0，AC0           //加偏移量 0
MOVR    AC0，VD100       //将标准化数值写入 PID
```

（4）PID 回路输出转换为成比例的整数。程序执行后，PID 回路输出 0.0～1.0 之间的标准化实数数值，必须被转换成 16 位成比例整数数值，才能驱动模拟输出。PID 回路输出成比例实数数值＝(PID 回路输出标准化实数值－偏移量)×取值范围

PID 指令：

1）程序中可使用 8 条 PID 指令，分别编号 0～7。

2）使 ENO ＝ 0 的错误条件：0006（间接地址），SM1.1。

3）PID 指令不对参数表输入值进行范围检查。必须保证过程变量和给定值积分项前值和过程变量前值在 0.0～1.0 之间。

（5）PID 控制的简易实现方法。对恒温箱进行恒温控制，要对温度值进行 PID 调节，PID 运算的结果去控制接通电加热器或制冷风扇；

由于电加热器或制冷风扇只能为 ON 或 OFF，不能接受模拟量调节，故采用“占空比”的调节方法。

温度传感器检测到的温度值送入 PLC 后，若经 PID 指令运算得到一个 0～1 的实数，把该实数按比例换算成一个 0～100 的整数，把该整数作为一个范围为 0～10s 的时间。

设计一个周期为 10s 的脉冲，脉冲宽度为 $t$，把该脉冲加给电加热器或风扇，即可控制温度（加热/冷却比例）。

组态符号表和组态变量表如表 8-1 和表 8-2 所示。

表 8-1　　组态符号表

| 符　号 | 地　址 | 符　号 | 地　址 |
|---|---|---|---|
| 设定值 | VD204 | 微分时间 | VD224 |
| 回路增益 | VD212 | 控制量输出 | VD208 |
| 采样时间 | VD216 | 检测值 | VD200 |
| 积分时间 | VD220 | | |

表 8-2　　组态变量表

| 名称 | 连接 | 数据类型 | 地址 | 数组计数 | 采集周期 |
|---|---|---|---|---|---|
| 设定值 | PLC | Real | VD 104 | 1 | 1s |
| 回路增益 | PLC | Real | VD 212 | 1 | 1s |
| 积分时间 | PLC | Real | VD 220 | 1 | 1s |
| 微分时间 | PLC | Real | VD 224 | 1 | 1s |
| 检测值 | PLC | DINT | VD 300 | 1 | 1s |
| 控制量输出 | PLC | Real | VD 208 | 1 | 1s |

（6）PLC 程序如图 8-24 所示。

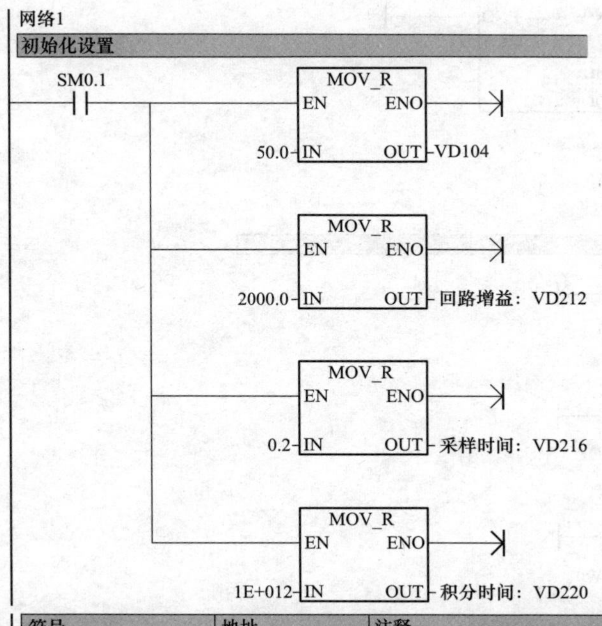


(a)

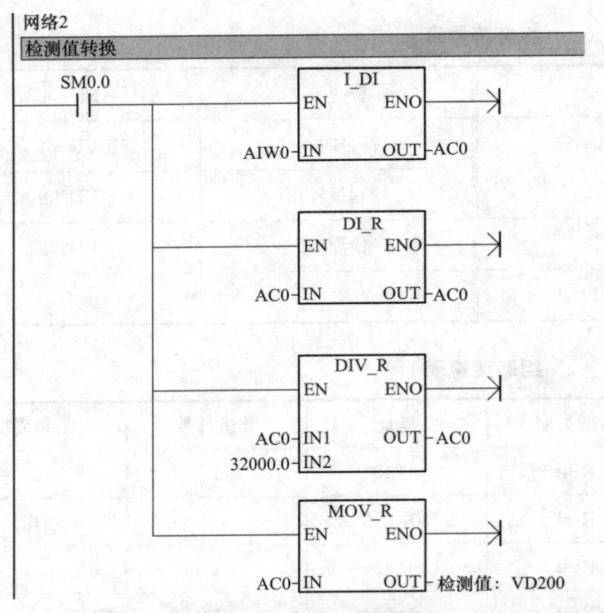


| 符号 | 地址 | 注释 |
|---|---|---|
| 检测值 | VD200 | |

(b)

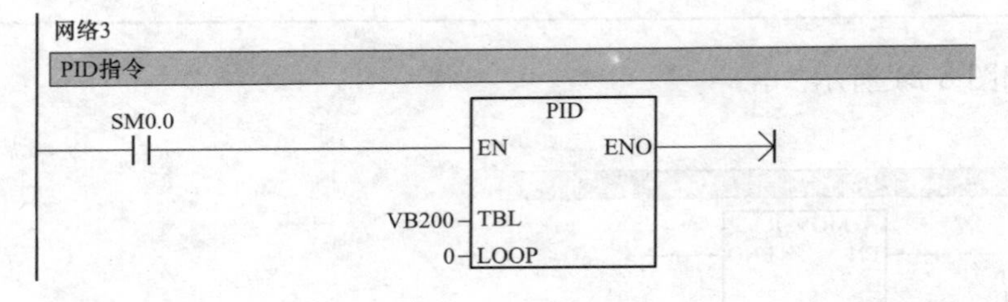


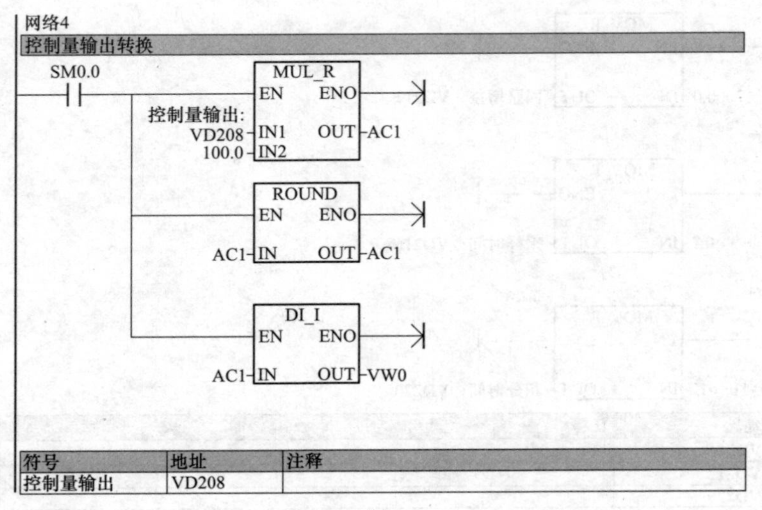


| 符号 | 地址 | 注释 |
|---|---|---|
| 控制量输出 | VD208 | |

(c)

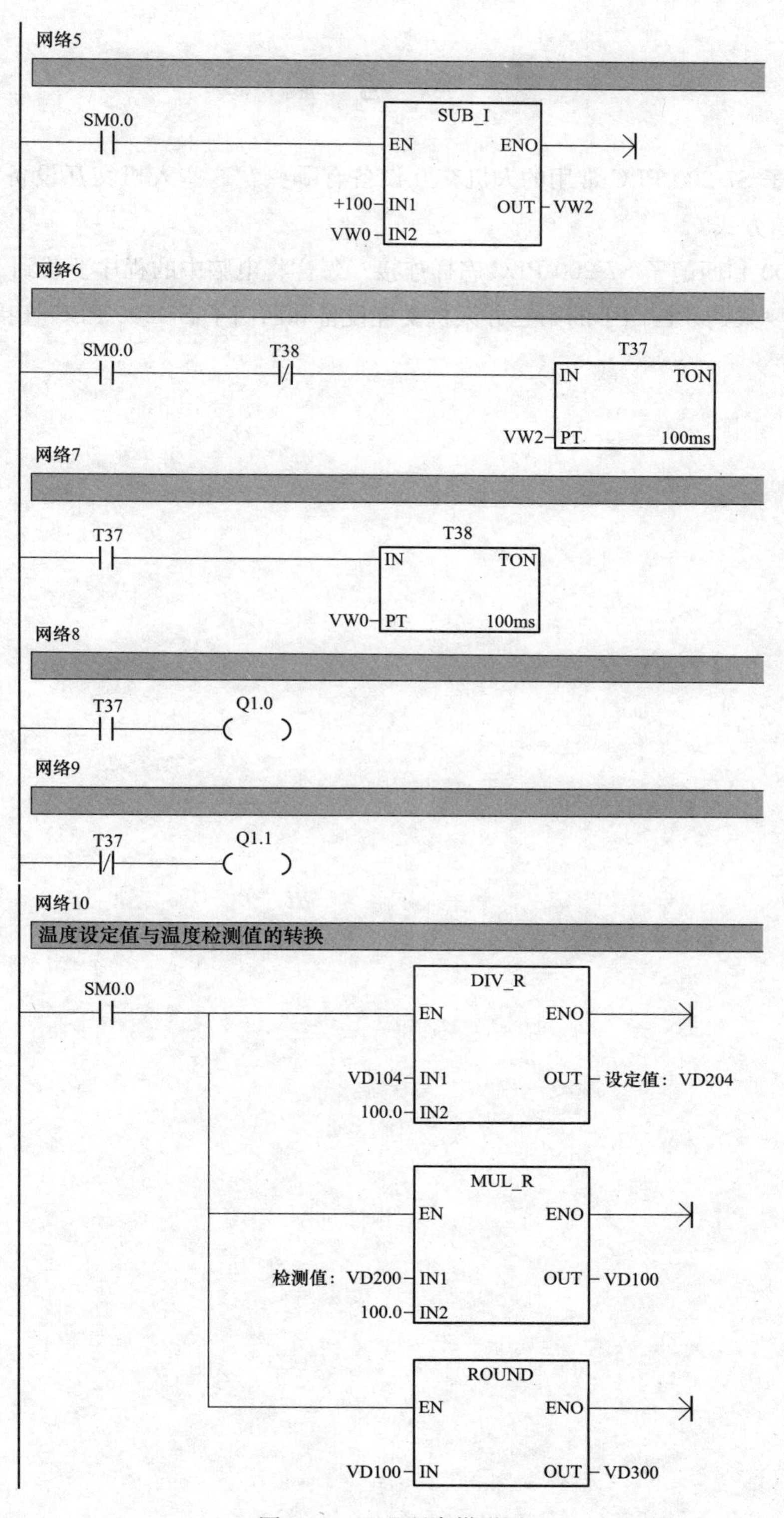


图 8-24　PLC 程序梯形图

## 思 考 题

1. 西门子 S7-200 PLC 常用的人机交互设备有哪些？这些人机交互设备和 PLC 之间采用哪些通信方式？

2. TD-200 和西门子 S7-200 PLC 怎样连接？怎样将电脑中的程序下载到 TD-200 中？

3. 如果要采购非西门子的第三方人机交互设备和西门子 S7-200 PLC 连接，需要满足哪些条件？

# 附录 特殊寄存器（SM）标志位

| 符号名 | 含　义 |
| --- | --- |
| SM0. 0 | 始终接通 |
| SM0. 1 | 仅在首次扫描周期时接通 |
| SM0. 2 | 如果保持数据丢失，接通一个扫描周期 |
| SM0. 3 | 从上电进入 RUN（运行）模式时，接通一个扫描周期 |
| SM0. 4 | 时钟脉冲接通 30 秒，关断 30 秒，工作周期时间为 1 分钟 |
| SM0. 5 | 时钟脉冲接通 0. 5 秒，关断 0. 5 秒，工作周期时间为 1 秒 |
| SM0. 6 | 扫描周期时钟，一个周期接通，下一个周期关断 |
| SM0. 7 | 表示模式开关的当前位置：0 = TERM（终端），1 = RUN（运行）指令执行状态 |
| SM1. 0 | 特定指令的操作结果 = 0 时，置位为 1 |
| SM1. 1 | 特定指令执行结果溢出或数值非法时，置位为 1 执行某些有关溢出或非法数值指令，设为 1 |
| SM1. 2 | 当数学运算产生负数结果时，置位为 1 |
| SM1. 3 | 尝试除以零时，置位为 1 |
| SM1. 4 | 当填表指令尝试过度填充表格时，置位为 1 |
| SM1. 5 | 当 LIFO 或 FIFO 指令尝试从空表读取时，置位为 1 |
| SM1. 6 | 尝试将非 BCD 数值转换为二进制数值时，置位为 1 |
| SM1. 7 | 当 ASCII 数值无法被转换为有效十六进制数值时，置位为 1 |
| SMB2 | 包含在自由接口通信过程中从端口 0 或端口 1 收到的每个字符 |
| SM3. 0 | 当端口 0 或端口 1 接收到一个有奇偶校验错误的字符时，置位为 1 |
| SM4. 0 | 如果通信中断队列溢出，置位为 1（仅在中断程序内有效） |
| SM4. 1 | 如果输入中断队列溢出，置位为 1（仅在中断程序内有效） |
| SM4. 2 | 如果定时中断队列溢出，置位为 1（仅在中断程序内有效） |
| SM4. 3 | 检测到运行时间编程错误时，置位为 1 |
| SM4. 4 | 表示全局中断启用状态：1 = 中断被开放 |
| SM4. 5 | 传送指令空闲时，置位为 1（端口 0） |
| SM4. 6 | 传送指令空闲时，置位为 1（端口 1） |
| SM4. 7 | 数据被强制时，置位为 1：1 = 数据被强制，0 = 无被强制的数据 |
| SM5. 0 | 如果出现任何 I/O 错误，置位为 1 |
| SM5. 1 | 如果过多的数字量 I/O 点与 I/O 总线连接，置位为 1 |
| SM5. 2 | 如果过多的模拟量 I/O 点与 I/O 总线连接，置位为 1 |
| SM5. 3 | 如果过多的智能 I/O 模块与 I/O 总线连接，置位为 1 |
| SM5. 7 | 如果出现 DP 标准总线故障，置位为 1（仅限 S7-215） |

其他的请参看《SIMATIC S7-200 西门子 PLC 编程手册》。

# 参 考 文 献


［1］张伟林．电气控制与 PLC 综合应用技术［M］．北京：人民邮电出版社，2009.

［2］李若谷．西门子 PLC 编程指令与梯形图快速入门［M］．北京：电子工业出版社，2009.

［3］张伟林．电气控制与 PLC 应用［M］．北京：人民邮电出版社，2007.

［4］吴灏．电机与机床电气控制［M］．北京：人民邮电出版社，2009.

［5］向晓汉．电气控制与 PLC 技术［M］．北京：人民邮电出版社，2009.

［6］李向东．电气控制与 PLC［M］．北京：机械工业出版社，2009.

［7］黄中玉．PLC 应用技术［M］．北京：人民邮电出版社，2009.

［8］华满香．电气控制与 PLC 应用［M］．北京：人民邮电出版社，2009.

［9］隋媛媛．西门子系列 PLC 原理及应用［M］．北京：人民邮电出版社，2009.

［10］高钦和．PLC 应用开发案例精选（第 2 版）［M］．北京：人民邮电出版社，2008.

［11］方强．PLC 可编程控制器技术开发与应用实践［M］．北京：电子工业出版社，2009.

［12］阮友德．PLC、变频器、触摸屏综合应用实训［M］．北京：中国电力出版社，2009.

［13］廖常初．PLC 编程及应用［M］．北京：机械工业出版社，2005.

［14］胡晓明．电机与机床电气控制［M］．北京：机械工业出版社，2007.

［15］鲁远栋．PLC 机电控制系统应用设计技术（第 2 版）［M］．北京：电子工业出版社，2010.

［16］周怀军，卢瑜，顾波．S7-200 PLC 技术基础及应用［M］．北京：中国电力出版社，2011.

［17］陈丽．PLC 控制系统编程与实现［M］．北京：中国铁道出版社，2010.

［18］胡晓林．电气控制与 PLC 应用技术［M］．北京：北京理工大学出版社，2010.

［19］陶权．PLC 控制系统设计、按照与调试［M］．北京：北京理工大学出版社，2011.

［20］赵江稳．电气控制与 PLC 综合应用技术（第 2 版）［M］．北京：中国电力出版社，2021.

［21］赵江稳．西门子 S7-200 PLC 编程从入门到精通［M］．北京：中国电力出版社，2013.